高职高专"十二五"规划教材

纺织技术导论

李竹君　刘　森　主　编

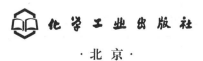

化学工业出版社

·北京·

《纺织技术导论》主要用于纺织类专业学生入学时的专业认知教育。

本书简明介绍了纺织的内涵、基本概念和作用地位，纺织技术的演变及我国古代纺织技术的成就，并就纺织类专业将要学习的纺织、针织、染整、服装技术的基本原理以及纺织材料、纺织产品的类型与特征作了导向式的描述；扼要叙述了我国纺织工业经济地理及发展前景。

本书适用于高职高专院校、职工大学及成人大学等纺织类专业学生学习使用；可供纺织工业企事业单位领导干部、管理技术人员和社会上有需求者阅读，使他们对纺织专业的学习要求以及对整个纺织行业相关知识有较全面的、概括的了解和认知。

图书在版编目（CIP）数据

纺织技术导论/李竹君，刘森主编. —北京：化学
工业出版社，2012.8（2022.9重印）
高职高专"十二五"规划教材
ISBN 978-7-122-14960-2

Ⅰ.纺… Ⅱ.①李…②刘… Ⅲ.纺织工业-高等
职业教育-教材 Ⅳ.TS1

中国版本图书馆 CIP 数据核字（2012）第 169467 号

责任编辑：崔俊芳 张福龙 装帧设计：关 飞
责任校对：周梦华

出版发行：化学工业出版社（北京市东城区青年湖南街 13 号 邮政编码 100011）
印 装：北京七彩京通数码快印有限公司
787mm×1092mm 1/16 印张 7½ 彩插 1 字数 151 千字 2022 年 9 月北京第 1 版第 7 次印刷

购书咨询：010-64518888 售后服务：010-64518899
网 址：http://www.cip.com.cn
凡购买本书，如有缺损质量问题，本社销售中心负责调换。

定 价：25.00 元 版权所有 违者必究

前　言

本书解决的最主要问题是：纺织是什么？纺织专业学习什么？纺织怎么学？

本书内容是根据高等职业教育的发展需要，针对纺织类专业的学习和教学，结合教学计划并借鉴相关教材和纺织类丛书、专著、科普读物编写的。作为面向大学新生的纺织专业导论课程，本书简明介绍了纺织的内涵、基本概念和作用地位，纺织技术的演变及我国古代纺织技术的成就；深入浅出论述了纺织类专业将要学习的纺织、针织、染整、服装技术的基本原理；对纺织材料、纺织产品的类型与特征作了导向式的描述；并扼要叙述了我国纺织工业经济地理及发展前景。

全书共分十章，由广东纺织职业技术学院负责组织编写，五邑大学狄剑锋教授主审。具体负责模块编写的是：第一章、第二章由刘森主笔，第三章、第五章、第十章由李竹君主笔，第四章、第七章、第八章、第九章由吴佳林主笔，第六章由朱江波完成。各章节具体内容增删由刘森把关。

本书编写过程中得到了广东省纺织协会周天生教授级高工的大力支持，还得到了五邑大学纺织服装系的大力帮助，在此向他们表示衷心的感谢！另外，在教材编写过程中，编者阅读了大量相关文献资料，对本书所借鉴引用的参考文献的各位作者表示真诚的感谢！

由于编者水平有限，书中疏漏和不足之处在所难免，热诚希望读者批评指正。

编者

2012 年 6 月

目　录

第一章 纺织与纺织行业

本章知识点

1. 纺织业的内涵
2. 纺织业的特征
3. 纺织业的地位
4. 纺织专业技术

纺织工业一直是我国国民经济的支柱型产业。它创业早，规模大，基础好。纺织工业在满足国内衣着消费、增加出口创汇、积累建设资金以及为相关产业配套等方面发挥了重要作用。国务院 2009 年初发布了《纺织工业调整和振兴规划》，三年调整振兴纺织工业，并将纺织工业明确定位为："国民经济的传统支柱产业和重要的民生产业，也是国际竞争力优势明显的产业"。

一、纺织业的内涵

什么是纺织业，纺织业的内涵是什么？可以从狭义和广义两个层次加以理解。狭义的纺织业是指用天然纤维和化学纤维加工成各种纱、丝、绳、织物及其染色整理制品的工业。广义的纺织业是指除包含狭义的纺织业内容外，还包括服装工业。

根据所加工的原材料或生产加工方法的不同，可以把狭义纺织业分为若干工业类型。

按所加工原材料原料的性质不同，纺织业可分为：棉纺织工业、麻纺织工业、丝纺织工业、毛纺织工业、化学纤维纺织工业等。

按生产加工方法不同，纺织业可分为：纺纱工业、织布工业、印染工业、针织工业、非织造布工业、纺织品纺制工业等。

另外，纺织机械制造业（包括纺织器材、纺织仪器设备制造业）、纺织助剂材料生产、纺织贸易等也属于纺织业范畴。

二、纺织业的特征

纺织业是历史最为悠久的产业，也曾是世界工业革命的摇篮。在近代历史上，第一次产业革命就是从纺织行业开始的，并从此开创了工业化时代。今天，尽管纺织业的生产科技发展水平发生了翻天覆地的变化，但是它始终是与人类社会的发展历史、与世界科技革命和随之而来的产业革命浪潮相一致的。纵观纺织业的发展历史与现状，可以总结出纺织业具有以下特征：

1. 纺织业是永续型产业

纺织业已有数千年的发展历史。相关史料表明，纺织业的出现与发展是与人类社会的文明发展史同步的。因为在人类历史上，纺织生产几乎是和农业同时开始的，纺织生产的出现，标志着人类脱离了"茹毛饮血"的原始状态，进入了文明社会。人类有文明史，从一开始便和纺织生产紧密地联系在一起。衣着，是人类永恒的最基本的生活需要，人类对纺织产品的需求与人类社会的进步与发展紧密相联。随着社会的进步、人口的增长、人们生活水平的提高，对纺织品的消费需求必须增加；消费水平的提高是促进纺织业继续发展的内在动力。据统计，世界人口和世界纤维消费量的年增长率分别为1%～2%和2%～3%，这表明，纺织品的消费需求是随社会的发展而逐步增加的。

纺织业不是"夕阳产业"。不管世界上有多少尖端的高新技术出现，也不管纺织业是否在个别国家或地区可能会衰退，甚至消失，但就总体而言，纺织业将继续保持作为一门"永恒的产业"或一门"不可替代的重要产业"而长期存在。而作为"夕阳产业"的，只是那些在社会需求中比重不断下降，同时由于生产率低下、在市场丧失竞争优势、正处于不断衰落过程的产业。

2. 纺织业是世界工业发展史上的先导产业

先导产业通常是指能够较多地吸收先进技术，代表产业发展方向，为保持长期增长而需要超前发展，并对其他产业的发展具有较强带动作用的产业。

在世界工业的发展历史中，纺织机械引起对动力的需求，蒸汽机应运而生。作为第一次工业革命中最早实行机械化生产的纺织业，它的产生和发展带动了冶金、机械、化工、交通运输等产业的发展，成为工业化浪潮中的先导产业。在我国，纺织业也是最先发祥的产业，并一直扮演着重要角色。如：为我国工业化积累资金、出口创汇、扩大就业、繁荣市场、发展经济等方面，纺织业都作出了巨大贡献，也充分发挥了纺织业在我国工业化进程中的先导作用。

3. 纺织业是"二元结构"型产业

纺织业的"二元结构"主要表现在：它既是劳动密集型产业，又是资金型和技术密集型产业；既是传统产业，又是现代产业。另外还表现在纺织原材料的二元性、生产技术的二元性以及生产设备的二元性。

纺织业在目前和今后的一定时期内，在原材料方面，都存在有天然纤维和化学纤维的二元结构；在纺织技术方面，有传统加工技术和现代电子信息技术的二元结构，如纺织 CAD（计算机辅助设计系统）等现代纺织技术的广泛应用；在纺织机械方面，有传统纺纱机和气流纺纱机的二元结构，还有有梭织机和无梭织机的二元结构。从工业化的发展过程来讲，纺织业既是传统型产业，与小生产方式联系在一起；同时又是现代化产业，因为其又与现代化的大机器生产联系在一起。二元结构在纺织业的体现，是纺织业进步和升级的象征，是纺织产业发展的一般规律。

4. 纺织业是与人们日常生活息息相关的产业

衣食住行，以衣为首，衣着是人类的基本生活需要。可以说，纺织业在国民经济和人们生活中扮演着十分重要的角色，是关系国计民生的重要产业。

三、纺织业的地位

2009 年，国务院发布了《纺织工业调整和振兴规划》将纺织工业明确定位为："国民经济的传统支柱产业和重要的民生产业，也是国际竞争力优势明显的产业"。

进入 21 世纪，纺织业仍将是国民经济中举足轻重的支柱型产业。其在满足人们衣着消费、吸纳劳动就业、增加出口创汇、积累建设资金以及相关产业配套等方面，都将发挥重要作用。

1. 纺织业已发展成为我国国民经济中不可缺少的重要产业

2000 年以来，我国纺织纤维加工量持续增长，从 2000 年的 1360 万吨增长到 2010 年的 4130 万吨，累计增长 303.7%，年均增长 16.3%。约占世界纤维加工总量的 50%。

2010 年，规模以上企业工业总产值为 47650 亿元，较 2005 年增长 1.31 倍；纺织服装出口总额 2065 亿美元，较 2005 年增长 75.72%，年均增长 11.93%；纺织行业利润率、总资产贡献率分别为 5.44%、13.89%，较 2005 年分别提高 1.91、4.72 个百分点。

近 20 年以来，我国纺织工业以平均年增长 13% 的速度高速发展。纺织业的高速增长与发展，为我国的社会经济发展作出了重要贡献。

2. 加入 WTO，中国的纺织业更具重要意义

我国纺织工业在国际市场上占有举足轻重的地位。2000~2010 年间，全球纺织品服装出口贸易额年均增长 2.36%，同期我国纺织业出口年均增长 11.93%。我国纺织品服装出口占世界的比重由 2000 年的 15.06% 增长到 2010

年的 1/3 份额。2010 年我国纺织品服装出口 2065 亿美元，同比增长 23.59%。

我国已经成为名副其实的世界纺织大国。目前，我国化纤、纱、布、丝、丝织品、服装等主要纺织产品的产量和生产能力均居世界首位。所以，我们认为，加入 WTO 之后，中国纺织业的地位更加重要。首先，加入 WTO 有利于扩大我国的出口，对我国的外贸增长起到至关重要的作用；其次，纺织品出口贸易增长的影响，会大大地带动纺织业的发展，由此而增加的就业岗位与就业人员，其他行业是难以比拟的，其对社会的稳定与社会经济的发展具有重要意义。

3. 我国纺织业的技术装备仍处于世界的中低水平

尽管中国是世界纺织生产和出口大国，是世界上最大的棉花、蚕丝、羊绒生产国，也是羊毛、绒、亚麻、兔毛等资源的重要生产国；毛纺织、化纤、呢绒产量已达世界第一。但是，我国近代纺织业的工业化进程几乎比欧洲晚了一个世纪。与纺织发达国家或地区相比，中国纺织业仍处于中低水平。主要表现在原材料的开发能力、生产技术设备和后整理与世界先进水平有差距；纺织品的生产工艺与花色设计也难以赶上世界潮流。

目前，我国纺织业仍以劳动密集型的加工产业为主要特征，需要迅速更新设备，吸纳高新技术，实现产业结构调整升级。根据专业技术市场的发展变化，发挥纺织业在中国经济发展中的先导作用和传统支柱产业的地位作用，实现与世界纺织业同步发展。

四、纺织专业技术

(一) 纺织专业类别

目前的"现代纺织技术专业"名称来源于 2004 年教育部《普通高等学校高职高专教育指导性专业目录》，是纺织类院校的核心专业。它与新型纺织材料、纺织品检验与贸易、针织技术与针织服装、纺织品设计、染整技术、服装设计等专业共同构建现代纺织产业链为特征的专业群。

根据纺织产业链各生产环节的生产工艺需要，纺织类专业学生应该掌握以下几方面的核心知识。

1. 纺织材料

最主要的纺织材料是纺织纤维，纺织纤维通常按纤维的来源分为天然纤维和化学纤维两大类。凡是自然界原有的，或从人工培植的植物中、人工饲养的动物中获得的纺织纤维称为天然纤维。根据它的生物属性又可分为植物纤维、动物纤维和矿物纤维。凡用天然的或合成的高聚物为原料，主要经过化学方法加工制造出来的纺织纤维称为化学纤维，简称化纤。按原料、加工方法和组成成分的不同，化学纤维又可分为再生纤维、合成纤维和无机纤维。

2. 纺织产品

纺织产品是人们日常生活的必需品，种类繁多，用途广泛。人们头上戴的、身上穿的、手上套的、脚上着的都离不开纺织品。现代纺织产品不但外护人们肢体，而且还可以内补脏腑。既能上飞重霄，又能下铺地面。有的薄如蝉翼，有的轻如鸿毛；坚者超过铁石，柔者胜似橡胶。把这众多的纺织品区以门类则是纱线类、绳带类、机织物、针织物、非织造布、编织物等。

3. 纺纱技术

纺纱技术就是以各种纺织纤维，通过纤维的集合、牵伸、加捻而纺成纱线，以供织造使用。因采用的纤维种类不同，其生产设备、生产流程也有所不同，而分为棉纺、毛纺、麻纺和绢纺。由棉、毛、麻等天然短纤维或由废丝切成的丝短纤维和化纤短纤维，要经过开松、梳理、集合成条带状，再经牵伸加捻纺成纱线，称为短纤纱。

4. 机织技术

由相互垂直排列的经纱系统和纬纱系统，在织机上按照一定的组织规律交织而成的纺织制品，称为机织物。由纺纱工程而得的纱或线制织成机织物的过程，称为机织工程。

在整个机织工程中，包括了经、纬纱系统的准备工作和经、纬纱系统的织造两大部分。在织机上，经纱系统从机后的织轴上送出，经后梁、停经片、综丝和钢筘，与纬纱系统交织形成织物，由卷取辊牵引，经导辊而卷绕到卷布辊上。而机织物在织造过程中，包括了开口（将经纱分为上下两层，形成梭口）、引纬（把纬纱引入梭口）、打纬（将纬纱推向织口）、送经和卷取（织轴送出经纱，织物卷离形成区）五大运动的作用。

5. 针织技术

针织是利用织针把纱线弯成线圈，然后将线圈相互串套而成为针织物的一门工艺技术。根据编织方法的不同，针织生产可分为纬编和经编两大类；针织物也相应地分为纬编针织物和经编针织物两大类。纬编针织物和经编针织物由于结构不同，在特性和用途等方面也有一些差异。

6. 染整技术

纺织物除了满足人们的衣着及其他日常生活外，还大量地用于工农业生产、国防、医药、装饰材料等各个领域。纺织物除极少数供消费者直接使用外，绝大多数都要经过染整加工，制成美观大方、丰富多彩的漂、色、花用品。

纺织物染整加工是纺织物生产的重要工序，它可以改善纺织物的外观和服用性能，或赋予纺织物某些特殊功能，从而提高纺织物的附加价值，美化人们的生活，满足各行业对纺织品不同性能的要求。当前纺织物发展的总趋势是向精加工、深加工、高档次、多样化、时新化、装饰化、功能化等方向发展，并以增加纺织物的附加价值为提高经济效益的手段。

7. 纺织检测技术

科技发展，各种高新技术不断注入到纺织工业中来，给纺织工业注入了新活力。纺织检测技术以及检测仪器也随之迅速发展。

红外光谱对大量纺织纤维红外光谱图分析，可以实现对混纺织物比例定量分析。激光检测是激光纺织工业中应用一个重要方面。它可用于验布，检测织物起球、毛羽及其粗糙度，检测织物纬斜，测定纱线直径、条干不匀、纱疵与纤维性能，控制印染，检验服装等方面。计算机图像信息处理技术应用于纺织行业多个方面，包括：纤维细度测定、纱线条干不匀、毛羽、疵点、验布等。深入、系统研究图像信息处理技术纺织技术检测方面应用，将会促进相当大一批纺织仪器更新换代；另用织物仿真 CAD 系统中，利用织物仿真模拟技术开发新产品。

我国常规纺织仪器发展已经基本能满足纺织工业对纺织材料性能测试要求，一批高科技含量测试仪器纷纷上市，如：电容式条干仪、电容式纤维长度仪、全自动单纱强力仪等。有的仪器已经基本接近国际先进水平，为我国纺织品技术检测提供了较大选择空间。检测仪器发展集中体现以下几方面：检测仪器向多功能化、自动化方向发展；仪器控制和数据处理已计算机化；光电转换技术应用日益广泛；手工操作检测逐渐实现仪器化检测等。

（二）专业学习目标与学习内容

（1）开设的主要专业平台课程 包括：纺织材料、纺纱技术、机织技术、针织技术、染整技术、服装设计工程、纺织 CAD/CAM 技术、纺织专业英语、纺织机械设备、纺织加工化学、企业管理与市场营销等。各专业方向在此基础上通过专业方向课程的教学，达到专业知识与能力的进一步拓展，以适应社会及行业需要的目标。

（2）培养目标 能在纺织行业从事工艺设计、产品开发、质量检测与控制、生产管理、技术改造和产品营销等工作的高技能型应用人才。

（3）就业方向 毕业生能在纺织企业及相关行业从事生产技术、工艺设计、设备技术、质量控制、产品开发和设计、纺织品设计、设备管理与监控、生产和经营管理、贸易等方面工作。

（三）纺织专业岗位群

纺织专业学生主要学习纺织工程方面的基本理论和基本知识，受到纺织品设计、纺织工艺设计等方面的基本训练，具有纺织品生产管理方面的基本能力。纺织专业职业岗位群见表1-1。

表 1-1 **纺织专业职业岗位群分析表**

职业范围	就业岗位或岗位群			职业资格证书
纺织生产企业	技术岗位	技术员	工艺员、产品开发员、设备技术员、车间技术员、技术改造员	纺织面料成分检测/机织面料工艺分析/机织小样织样专项职业能力证书
		检验员	原料进仓检验员、半成品质量检验员、成品质量检验员	
	管理岗位	生产管理	生产管理员、仓管员、班长、计划员、调度员	—
		质量管理	质量管理员	
	操作岗位	挡车工	络筒工、整经工、浆纱工、穿经工、织布工、修布工	
		其他工种	保全保养工、机修工、电工	
	经营岗位	营销	采购员、销售员、跟单员	
		对外贸易		
纺织检验	检验员、文员、业务员 产品检验工			纺织面料成分检测专项职业能力证书 产品检验工
纺织贸易	接单员、跟单员、质检员、工艺设计与产品开发员、文员、仓管员			报关员
纺织品设计	面料分析 小样工艺设计 小样织制 大生产工艺设计 新产品开发			纺织面料成分检测/机织面料工艺分析/机织小样织样专向职业能力证书
织物生产和质量控制	工艺管理 生产管理			—
产品质量跟踪和产品销售	市场营销和质量控制			—

【思考题】

1. 什么是狭义的纺织业？什么是广义的纺织业？

2. 纺织业具有哪些特征？

第二章　纺织文化发展简史

本章知识点

1. 世界纺织文化简史
2. 中国纺织文化简史

第一节　世界纺织文化简史

第一次工业革命以后，纺织工业首先登上历史舞台。第一次世界大战前，英国的棉纺工业发展到一个高峰，纺织工业的出口额占世界纺织贸易总额的58％以上，几乎垄断了全球的棉纺织产品市场。第一次世界大战后的1924年，英国棉纺锭数量达到创纪录的6330万锭，织机79.2万台，毛纺业也具全球的霸主地位，纺织品给该国流入了巨额资金。同时期中国纺织工业落后于英国100年，19世纪中后期东南沿海开始出现机器纺织缫丝厂。经过一段时间的发展，到1895年中国已经有纺织厂79家，纱锭17.5万台，织布机1800台和员工5万人。

第二次世界大战后，美国、日本、西德、意大利等国如法炮制，大力发展纺织工业，这是纺织工业生产重心的第一次转移。美国凭着棉花资源的优势，大力发展棉纺业，棉纺锭数达3600万锭，同时凭着工业和技术优势，大力发展机械制造专业和化纤工业。20世纪50年代，美国纺织品生产技术和纺织机械水平处于世界领先地位，在化纤工业上开启了工业化生产的先河。1956年日本的纺织工业产值占到国内工业生产总值的一半以上，出口占全国出口总额的34.4％，1947～1976年，日本花费了大量的资金从国外引进130多项纺机先进技术，并投入巨额研究开发资金，生产纺织机械出口，使日本纺织机械水平大幅度提高，1976年生产的纺织机械出口占79.7％。西德依靠其发达的机械加工业和化学工业，大力发展纺织机械业和染料工业，对本国的纺织工业生产设备的现代化也十分重视，不断更新纺织生产设备，很快成为纺织品和纺织机械出口大国，至今德国的纺机出口仍保持国际领先地位。意大利凭着本国在欧洲地区劳动力低廉的优势，重点发展毛纺、棉纺、服装工业，从20世纪70

年代起很快成为欧洲的纺织、服装工业中心。

20 世纪 70 年代后，纺织工业生产重心转移到韩国、印度、中国香港、中国台湾等国家和地区。中国内地 80 年代紧跟其后，迅速崛起，1994 年中国纺织品和服装出口总额列居世界首位，这是纺织工业生产重心的第二次转移。纺织工业为这些国家和地区经济的发展同样起了重大的推动作用。2000 年中国纺织品和服装出口达 522.3 亿美元，占全球纺织品贸易的 14.7%。据近二十多年的资料统计，纺织品和服装出口居全球第一的国家是日本（1970～1972）三年，德国（1973～1980）八年，意大利（1981～1983、1985～1986）五年，从 1994 年开始至今中国跃居第一位。在 20 世纪的历史长河中，纺织工业在各国工业化的过程中都曾朝阳似火，2000 年全球纺织品贸易额为 3564.0 亿美元，纺织工业是和人类相依存的，纺织品、服装产品在世界各国零售商场总是琳琅满目，对消费者具有永久的魅力，纺织工业不会夕阳西下。

一、世界纺织服装工业发展的历史作用

纺织工业在人类工业发展史上有着不可磨灭的贡献。它的兴起与发展不仅彻底把人类从饥寒交迫中解放出来，而且也成为人类体现精神文明的一种重要方式。同时，纺织工业的兴起与发展对全球经济繁荣和科技发达也有着不可替代的作用。

纺织服装工业改善了人民的生存条件。衣食住行是人类生存最基本的需求，纺织工业的兴起，为解决人民的温饱问题，把人类从饥寒交迫中解放出来做出了巨大贡献。纺织服装工业为世界人民提供新的生活方式和文化。纺织不仅应用于我们的服装穿着，而且在室内和室外装潢中也大露身手，改变着我们的生活空间。纺织产品还作为高技术材料，在体育、休闲、飞机、汽车、电脑、民用建筑、工程和医药中得到广泛应用。

纺织服装工业促进了全球经济繁荣。第一次工业革命以后，纺织工业首先登上历史舞台，作为先导产业，为西方工业发达国家的经济起飞起了开辟市场、培养人才、积累资金等重大作用。世界发达国家大多都以纺织服装工业起步。

同时，纺织服装工业还带动了其他相关产业的发展。

二、世界纺织服装工业现状

1. 纺织品服装出口情况

在 2007 年，纺织品主要出口国家和地区分别是欧盟、中国内地、中国香

港地区、美国、韩国、中国台湾地区、印度、土耳其，巴基斯坦、日本。在这些主要的出口国家和地区中，发达国家地区以及新兴工业化国家占6席，说明在纺织品领域发达国家仍旧占有优势，同时也反映了中国、土耳其、巴基斯坦、印度等发展中国家在技术和资金相对密集的上中游纺织产业取得了较大的进步。

2007年服装出口方面，中国内地排名第一，其次是欧盟、中国香港地区、土耳其、孟加拉国、印度、越南、印尼、墨西哥和美国。服装出口国家相对来讲比较分散，相互之间的竞争激烈。在这些主要的出口国家中，发达国家地区和新兴工业化国家仅占3席，发展中国家占到7席，分别是中国、印度、孟加拉国、印度尼西亚、土耳其、越南、墨西哥。这说明劳动密集型的服装产业进一步从发达国家退出，并转移到发展中国家，而发达国家仅生产高附加值的服装产品。

2. 纺织品服装进口情况

2007年，欧盟是最大的纺织品进口地区，其次是美国，中国内地排名第三，接下来是中国香港地区、日本、土耳其、墨西哥、越南、加拿大和俄罗斯。发达国家进口纱线和坯布等上游产品，在本国经过深加工和后整理再出口到其他国家和地区。

2007年欧盟也是最大的服装进口地，进口金额占到世界总进口金额的46%，美国占到24%，日本占7%，其他依次为中国香港地区、俄罗斯、加拿大、瑞士、阿拉伯联合酋长国、韩国、澳大利亚。可见，服装的主要进口和消费市场集中在发达国家。

三、纺织服装工业科技水平

发达国家的纺织品服装虽然占世界市场的份额比较少，但是在纺织机械、面料等尖端技术和工艺方面远远领先于发展中国家。目前世界先进的纺织技术都牢牢掌握在工业发达国家手中。发达国家优势主要体现在以下方面：

1. 纺织新材料、新产品的应用

新型特种合成纤维和纺织新材料的开发和产业化，是继化纤工业问世以来的又一次新的技术突破。新合纤以其优异的功能和性能不仅弥补了天然纤维在性能方面的局限和不足，而且也推动了纺织业由传统的消费领域向生产资料领域拓展。

纺织新工艺、新技术日新月异。纺织新工艺新技术的开发应用和推广水平是纺织工业实现现代化的重要手段。20世纪80年代以来，过去人们梦寐以求的"无锭纺纱、无梭织布、无水印花、无纺织布、无人工厂"等全新技术已经逐步变成现实。目前在技术发展上基本上形成了相互补充并互相竞争的"纺织革新技术"和"纺织创新技术"这两个方面：纺织革新技术是以传统纺织技术为基础，以现代高新技术为依托，对纺织传统工艺技术所进行的革新和改造，其特点是以高速（单机高速化、自动化）、高效为特征来达到减少用工，提高劳动生产率。纺织创新技术主要表现在两个方面，一是非织造布技术，二是以生态和环保为目标的创新技术。非织造布工艺是纺织纤维不再经纺纱、织布而直接成布的全新工艺。以生态和环保为目标的创新技术目前比较集中在印染方面。

纺织装备机电一体化。随着计算机技术的快速发展，以计算机技术直接推动纺织工业技术装备向生产过程全面自动化迈进，从而实现了纺织业由劳动密集型向技术密集型的转变。机电一体化的应用，大大提高了产品质量，提高了生产效率，改善了劳动环境和条件，从而带来纺织生产力发展的一次新的飞跃。首先是促使纺织生产实现了高速、高效、高产、高质的现代化生产方式，彻底摆脱了以前单靠机械和人工的设计与生产模式。

以国际互联网络为依托形成的快速反应系统机制。20世纪90年代后，随着世界经济一体化和信息全球化的快速发展，知识经济初见端倪。信息作为现代社会生产中的一重要资源，已成为各国资源竞争的焦点。由此也带来了纺织工业生产经营方式的深刻变革。这种变革集中体现在快速反应生产经营机制（QR）方面。

2. 纺织机械

目前欧美发达国家的纺织机械工业比发展中国家先进的多。德国、日本和意大利的纺织机械分别占全世界的前三位。

德国纺织机械工业目前居全球首位。日本在纺织机械领域位居第二。在纺织机械领域，意大利既是一个重要的出口国家，也是主要的进口国家，主要原因在于纺织工业是意大利的经济支柱之一，意大利将技术层次相对较低的纺织机械出口到境外，并从德国进口先进的设备，以生产高质量的纺织原料和成品。从生产总额排名来看，意大利的纺织机械排名全球第三，仅次于德国和日本。

3. 世界纺织工业发展的动力——科学技术的发展

纺织工业之所以有今天的辉煌，离不开现代科学技术的发展及其纺织上的应用。从手工纺织到机械纺织的转变，大大地提高了纺织工业的劳动生产率。棉纺织工业最先实现机械化。化纤工业的出现，大大地丰富和增加了纺织品种类和数量。1911 年化学纤维、1938 年合成纤维步入纺织原料的行列,从此,生产纺织品的原料不再只有天然纤维。超细纤维、耐高温、阻燃、高弹、高强、导电等高性能化纤的工业化生产,化学纤维在服用性能和使用性能上也赶上和超过了天然纤维,有些特殊性能又是天然纤维所远不及的。目前化纤品种繁花似锦,誉为 21 世纪纤维的 Lyocell 纤维已商业化生产,各种超级仿生纤维已进入开发研究阶段,人类已经摆脱了完全依靠天然纺织原料的桎梏,不再靠天穿衣。化纤工业为纺织工业的发展开拓了无限的纺织原料来源,逐步把农田归还给粮食。

微电子技术在纺织机械上的广泛应用,纺织机械高速化、自动化、连续化。这些变化的重要标志有:清梳联生产线的工业化生产;高速高产的环锭纺纱机;高度自动化的新型气流纺、喷气纺纱机;全自动络纱机和高性能的无梭织机等。人们曾经幻想的纺纱不用锭,织布不用梭的理想在 20 世纪变成了现实。

现代非织造布工业的形成和迅速发展,再次丰富和增加了纺织品的品种和数量。非织造布严格意义上是纤维布。现代非织造布工业开始于 20 世纪 50 年代,有长丝和短纤两大类。因纤维成网方法和成布的固结方法不同而称化学黏合、热黏、针刺、水刺、纺黏等非织造布。非织造布的特点是纤维在产品中呈不规则状态,因此赋予产品各向异性的性能,又由于非织造布生产工艺流程短、产量高和在产业界有着广泛的用途,从 20 世纪 40 年代起,开始被业内的伯乐发现,非织造布很快成了纺织工业中出现的一匹黑马,几十年间以高速针刺、纺黏、水刺为代表的非织造布工业茁壮成长,同时与其相连的下游整理和相关产业迅速形成。非织造布在土工布、医疗用布、卫生用品、建筑屋顶材料、过滤用品、农业用品等应用领域显示出明显的优越性,有的甚至不可替代。

未来展望——纳米技术在纺织产业中的应用。科学家们认为,纳米技术的发展将导致一次新的产业革命,发达国家为了抢占这一制高点,已在人力、财力、物力上增加投入,展开竞争,从物理、化学、材料、医学以及电子工程等各种领域展开研究的应用。未来 5 年中我国将投入 25 亿元进行纳米研究。在功能纤维方面的有抗紫外线、抗菌、抗电磁波以及耐日晒、抗氧化等,在化学、电子方面可用作催化剂和用作导电浆料,甚至隐身材料方面。纳米技术的应用,将成为纺织工业发展的一个新途径。

总之,现代机械工业、材料技术、化学工业和电子工业技术在纺织上的应用,大大地推进了纺织工业的发达和繁荣。未来纺织工业的发展将进一步依赖材料科学、化学工艺和电子技术等科学技术的推动。

21 世纪经济的可持续发展,面临着人口、资源、环境等重大问题。20 世纪后 50 年全球人口增加了 1.4 倍,20 世纪末突破 60 亿,预计 2050 年全球人口将达 90 亿。人口的高度膨胀，最先面临的是粮食和衣着问题，产业界也需要大量的纺织品，因此纺织行业的作用仍然举足轻重。

从发展趋势来看，化纤增长、天然纤维下降成必然趋势，环保健康型和特种化纤研制、开发、生产将受到重视。纺织机械更注重采用先进技术，在高产、自动、连续化的基础上生产管理逐步网络化，建立快速反应系统。非织造布工业还属新型产业，其现代化生产只有几十年的路程，新的生产工艺、设备和产品有着广泛的研究开发前景。

从生产和消费趋势来看：随着经济全球化，资本、信息和商品等各种要素在全球范围内流动更加自由。在这种情况下，亚洲凭借着廉价的劳动力和独特的资源优势将进一步成为世界的纺织品服装生产基地。亚洲、欧洲和北美仍然将是世界上主要的纺织品服装消费地区。但是，在技术、工艺和创新方面，发达国家将仍然保持优势地位。

第二节 中国纺织文化简史

中国是世界文明的发源地之一。在科学技术的发展方面，我们的祖先为人类做出过辉煌的贡献。纺织生产在历史上经历过两次飞跃，第一次是缫丝、纺纱、织造等手工机器为特点的手工机械化，第二次是以动力机器为特点的大工业化。大约在公元前 500 年左右已完成了第一次飞跃，并且领先势头一直延续到 18 世纪。

汉唐时期，是我国纺织品生产的极盛时期之一。沿着丝绸之路出土了大量文物。汉代织物出土以甘肃武威和新疆民丰为主，品种繁多，棉、毛、丝、麻俱全，织物的纹样题材丰富。当时的民间织物多是麻葛。大宗的丝绸在官府手工业作坊生产。除官营织造外，也有少数高级手工业者织造丝织品销售。唐代织物出土以甘肃敦煌、新疆吐鲁番、巴楚三处为主，其中的晕裥锦、联珠纹锦、蜡缬、绞缬、夹缬等极其精美。在伊朗（古代安息国）、意大利（古罗马帝国）以及地中海沿岸其他一些国家也发现不少我国汉、唐时期的丝绸。杭州丝绸业始于唐代。根据《杭州府志》记载，可以推测当时的丝绸业就已经相当发达。以后，宋、元、明、清各代，杭州的丝绸业就与苏州和南京齐名。

唐锦是用纬线起花，用二层或三层经线夹纬的织法，形成一种经畦纹组织。因此，区别于唐代以前汉魏六朝运用经线起花的传统织法，称汉锦为"经锦"，称唐锦为"纬锦"。纬锦的优点是能织出复杂的装饰花纹和华丽的色彩效果。加以唐锦在传统的图案花纹基础上又吸收了外来的装饰纹样，所以它具有清新、华美、富丽的艺术风格，唐锦的装饰花纹有：联珠纹、团窠纹、对称纹、散花等，代表作如彩图 1 所示。

缂丝又称"刻丝"，是中国最传统的一种挑经显纬的欣赏装饰性丝织品。宋元以来一直是皇家御用织物之一，常用以织造帝后服饰、御真（御容像）和摹缂名人书画。因织造过程极其细致，摹缂常胜于原作，而存世精品又极为稀少，是当今织绣收藏、拍卖的亮点。常有"一寸缂丝一寸金"和"织中之圣"的盛名。这是一种经彩纬显现花纹，形成花纹边界，具有犹如雕琢镂刻的效果，且富双面立体感的丝织工艺品。缂丝的编织方法不同于刺绣和织锦。它采用"通经断纬"的织法，而一般锦的织法皆为通经通纬法，即纬线穿通织物的整个幅面。如彩图 2 所示。

宋代织锦，以写生花鸟纹样题材为特色。具有雅静的风格，其组织结构较之汉唐也有改进。后世称之为宋锦，并加以仿效，作书画装帧及服饰等用，如彩图 3 所示。宋代的纺织丝绸图案色彩及始于唐的织金丝绸又有了新的发展，织入金线之锦的品种更多，如红捻金锦等。宋代的纺织工艺品缂丝达到较高水平。南宋时浙江的宁波已成为与日本、朝鲜等亚洲各国进行贸易的主要港口，大量的丝织品也由此输出。元代织物以加金艺术为其体现，"纳石失"（织金锦）是典型代表，其技术已相当发达。如彩图 4 所示。

到了明代，织造技术已相当高明。官营纺织生产和民间纺织生产都有很大发展。江南三织造——南京、苏州和杭州的织造局（或称织造府），生产的织物供皇室和政府使用，因而豪奢华丽而耗料费劲，不计成本。这一方面极大地加重了劳动人民的负担，一方面也刺激了纺织物品种的发展。后世称之为云锦的南京织锦，到此时已经形成了其基本风格。明代纹样图案的风格及其造型在中国图案史上写下了光辉的一页，出现了几何形和自然形的纹样，以及接近自然形的装饰性纹样，形成了我国古典图案中的重要部分。它不过于拘束在自然形体的结构上，而是集中了许多花卉的优点，富于艺术想象。明代纺织品中较有代表性的品种有妆花、漳缎、云布、丝布等，如彩图 5 所示。明代纺织丝绸的海外贸易，主要是对南洋各国和日本等到地。

清代精美刺绣，配色极其精美；缠线和纳线秀法互相搭配；晕色搭配极其到位，纹饰寓意丰富吉祥！东西保存得很好、完整、色彩艳丽；收藏很有意义，如彩图 6(a) 所示。清代的丝织工艺在设计和织造方面，大都紧密配合了服饰的要求，丝织图案已逐渐趋向于写生。织造者往往大胆而新颖地在短袄上只安排一丛花，或者一株牡丹，从衣服下襟一直伸展到袖子上，使气势显得十分自由豪放，人们还可以在伦敦博物院里看到 19 世纪 30 年代英国绅士的时髦上装，正是中国的杭绸衬衫和江南紫花布裤子。清代官营织造的纺织品，以康熙、雍正、乾隆时期较为出色。其中的仿古织物工细胜于前期，一些织物的艺术花卉纹样吸收了欧洲罗可可和日本倭式小卷草等国外风格的长处。清代中后期，官营织造日趋衰退，民间织品仍然不但发展，还出现很多具有地方特色的优秀品种，如彩图6（b）所示。

到近代，由于封建制度的腐败，使我国的纺织技术发展缓慢。1840年鸦片战争爆发后，帝国主义势力侵入我国，外国资本主义利用我国廉价原料和劳动力，在我国土地上开设机器纺织工厂，大量倾销"洋纱"、"洋布"，获取巨额利润。随着外国资本的输入，我国原有的手工生产方式受到刺激。1882年，上海设立织布局，输入人力织机500台。以后，民族纺织资本虽历年有所增加，但一直处于困难境地。在第一次世界大战时期，帝国主义国家忙于战争，暂时放松了对我国的经济侵略，民族资本的纺织工业获得一些发展。但大战结束后，帝国主义列强又角逐于我国，纺织工业又重新陷于艰难挣扎的境地。抗日战争胜利后，帝国主义在我国建立的纺织业转入官僚资本手中。从抗日战争胜利到旧中国覆灭的四年间，纺织工业不仅没有增加新设备，就连当时已有的设备也始终没有全部投入生产。

新中国成立后，在中国共产党和人民政府领导下，我国纺织工业摆脱了三座大山的压迫，逐步建立起我国自己的纺织工业体系，并获得迅速发展。经过三十多年建设，我国的纺织工业已经由过去机器设备和大部分原料依赖进口、工业布局集中在沿海城市、生产技术落后的殖民地、半殖民地工业，转变为棉、毛、麻、丝、化学纤维各种纺纱、织造、针织、染整及相关加工能力综合发展，工业布局比较合理，拥有自己的机械制造业，产品门类齐全，并在国际市场有一定声誉的工业部门。

2010年，据有关资料统计，我国纱锭已经超过9000万锭，织机已达189万台，纱锭及织机台数均居世界首位，同时，我国的棉纱、化纤、织物产量和产值，出口量产量，亦已居世界第一位。特别是化纤工业，从无到有，品种不断增多。2011年，化纤的年产量3362万吨。目前我国纺织品生产除满足了国内人民的需要外，相当部分的产品远销世界各国，是国家重要的创汇产业，为国家积累建设资金做出了重大贡献。

目前，我国纺织工业虽已奠定了相当的基础，成为了世界纺织大国，但是，我国还不是纺织强国，还应当看到：我国人口多，纺织品的平均消费水平还比较低；我国纺织品的出口额在世界纺织品总贸易额中，虽然占有较大比例，但产品档次较低，我国的纺织科技水平与世界先进水平比较还有一定的差距等等。这就要求我们纺织工业部门的从业人员发扬爱国主义精神，努力工作，开创纺织工业的新局面，加速实现纺织工业的现代化。

现代织造技术，由于机械制造工业、电子工业、化学工业以及激光技术的发展而获得更快进展。有梭织机更趋完善、各种无梭织机展示出显著的优越性。织前准备机械也出现了许多新的改革，在高速、高效、大卷装、自动化方面取得了很大进展。新的织造原理已经提出,如纺织 CAD/CAM 技术,使纺织产品的设计周期大为缩短,加速了纺织产品的更新换代;"数码纺织"更是赋予了纺织业全新的理念,预示着纺织技术将有新的巨大进步。

【思考题】

1. 了解世界纺织工业的发展概况。
2. 说出世界纺织服装工业发展的历史作用。

第三章　纺织材料

本章知识点

1. 纺织纤维的认知
2. 纺织纱线的认知
3. 纺织面料的认知

第一节　纺织纤维的认知

用以加工制成纺织品的纺织原料、纺织半成品以及成品统称为纺织材料（包括各种纤维、纱线、织物等，见图 3-1）。它是人类生活中不可缺少、最为基本的物品。其中纺织纤维是构成纺织品的最小、最基本的单元。

(a)纤维　　　　　　　(b)纱线　　　　　　　(c)织物

图 3-1　各种纺织材料

一、纺织纤维的分类

一般而言，直径为几微米到几十微米，长度比直径大许多倍的物体，都可以称作为纤维。纤维以细长为特征，不同用途的纤维，要求它具有不同的性能，但不是所有纤维都可以用做纺织纤维，作为纺织纤维，必须具备两个必要条件：具有一定的化学和物理稳定性；具有一定的强度、柔曲性、弹性以及可塑性、可纺性、服用性和产业用性能等。

纺织纤维的种类繁多，可以按其获得的来源、纤维的形态结构、纤维的色泽、纤维的性能特征等不同分类。

按来源和化学组成分类，如表 3-1 所示。

表 3-1 纺织纤维分类表

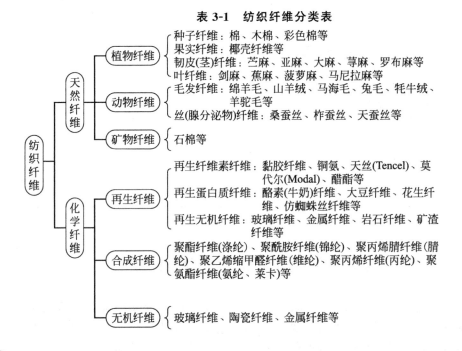

常见天然纤维

二、常见天然纤维

常见天然纤维：包括棉、麻、蚕丝、毛等纤维（见图 3-2），其中棉纤维和麻纤维的主要组成成分为纤维素，因此也称它们为天然纤维素纤维；蚕丝和毛纤维的主要组成成分为蛋白质，因此也称它们为天然蛋白质纤维。

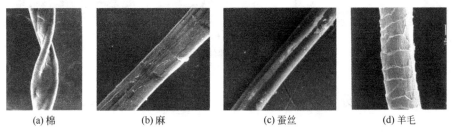

| (a) 棉 | (b) 麻 | (c) 蚕丝 | (d) 羊毛 |

图 3-2 各种常见天然纤维（微观图）

1. 棉纤维

（1）棉纤维的概况　棉纤维是由棉花经初加工（籽棉上的纤维与棉籽分离的过程，即轧棉）而形成（见图 3-3）。棉花属锦葵科的棉属，在棉属中又分成许多种。目前世界各国栽培的棉花，主要有两个栽培种，即陆地棉、海岛棉。其中陆地棉也称细绒棉，占世界棉花总产量的 85％以上，我国陆地棉栽培面积占棉田总数的 98％ 以上，其纤维长度和细度中等；海岛棉也称长绒棉，纤维细而长，品质优良，是高档棉纺产品的原料，我国长绒棉生产历史较长，但数量较少，仅占世界总产量的 2％，现在新疆、上海等地区少量种植。

　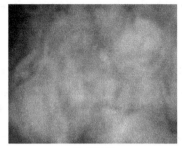

(a) 棉花　　　　　　　　　　　　　(b) 棉纤维

图 3-3　棉花与棉纤维

（2）棉纤维的主要性能与应用　棉纤维的纤维素含量约为 94％，棉纤维较耐碱而不耐酸。纤维截面为不规则的腰圆形，有中腔，纵向有天然转曲，具有抱合力。棉纤维吸湿性好，湿强比干强高 10％。手感柔软，保暖性好。棉纤维属于短纤维，它可以通过纺纱工艺加工成棉纱线，再由棉纱线通过织造加工成传统的机织物和针织物；也可以由棉纤维通过非织造布的加工工艺直接加工成非织造布。它的应用在所有纤维中是最广泛的。

2．麻纤维

（1）麻纤维的概况　麻纤维有许多种，从取得的部位分为茎纤维和叶纤维两类。纺织上用得最多的有苎麻、亚麻、黄麻、大麻等。其中以苎麻和亚麻品质较优，麻纤维经初加工（脱胶）、纺纱前准备、纺纱形成麻纱线，再经织造加工成麻织物。图 3-4 所示是几种麻植株与麻织物。麻纤维一般含有纤维素 60％～80％ 的主要组成物质，此外还有木质素、果胶、脂肪及蜡质、灰分和糖类物质等。麻纤维与棉一样较耐碱而不耐酸。

(a) 盛开的亚麻花　　　　　　　　　(b) 高档的亚麻织物

图 3-4　麻植株与麻织物

（2）麻纤维的主要性能与应用　麻纤维的吸湿能力比棉强，其中尤以黄麻吸湿能力更佳；麻纤维在天然纤维中拉伸强度最大，但受拉后的变形能力，即伸长，在天然纤维中最小；麻纤维的手感大都比较粗硬；麻纤维织物具有良好的透气性和吸湿性，织物强度也较好，硬挺度高，但织物容易起皱，有刺痒感。麻织物主要用于高档的时装面料。

3．蚕丝

（1）蚕丝是天然纤维中唯一的长丝，一个茧子上的蚕丝长度可达数百米至上千米。图 3-5 所示为从蚕卵到蚕丝的过程。蚕丝是由蚕茧经过一系列制丝过程加工而成。按照蚕茧种类不同分为家蚕丝和野蚕丝。家蚕丝主要是桑蚕丝；野蚕丝主要是柞蚕丝；不同种类的蚕丝其性能有所不同，价格也相差较远。

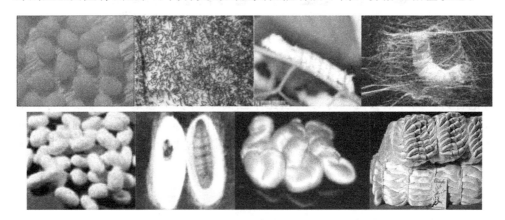

图 3-5　从蚕卵到蚕丝

（2）蚕丝的主要组成物质及其耐酸、碱性　蚕丝的主要组成物质是蛋白质，较耐酸而不耐碱；桑蚕丝的吸湿能力大于棉而小于羊毛；弹性恢复能力小于羊毛而优于棉；蚕丝具有其他纤维所不能比拟的美丽光泽，优雅悦目。

4．毛纤维

（1）毛纤维来自于动物的毛发，种类较多。不同种类的动物，其毛纤维不同。有绵羊身上的绵羊毛，山羊身上的山羊绒、山羊毛，骆驼身上的骆驼绒、骆驼毛，羊驼身上的羊驼毛，兔子身上的兔绒、兔毛，以及牛、马、牦牛、鹿身上的牛毛、马毛、牦牛毛和鹿绒等（各种毛见图 3-6）。纺织用毛类纤维中，数量最多的是绵羊毛，绵羊毛简称羊毛。

（2）羊毛纤维的主要组成、结构及其性能　羊毛纤维主要组成物质是不溶性蛋白质，因此耐酸不耐碱；其横截面接近圆形，纵向有鳞片。羊毛纤维具有弹性好、吸湿性强、保暖性好、不易沾污、手感丰满、光泽柔和等优良特性，还具有独特的缩绒性，这些性能使毛织物具有各种独特风格，是纺织行业中广

(a) 新疆绵羊 (羊毛)

(b) 安哥拉山羊 (马海毛)

(c) 藏牦牛 (牦牛毛)

(d) 兔子 (兔毛)

(e) 骆驼 (骆驼毛)

(f) 各色羊驼 (羊驼毛)

图 3-6 各种毛

泛使用的高档纺织纤维。

（3）羊毛纤维的特殊性质

① 缩绒性 羊毛在湿热及化学试剂作用下，经机械外力反复挤压，纤维集合体逐渐收缩紧密，并相互穿插纠缠，交编毡化。这一性能称羊毛的缩绒性。毛织物在后整理过程中，经过缩绒工艺（又称缩呢），织物长度收缩，厚度和紧度增加，表面露出一层绒毛，具有较好的毛感。

② 羊毛纤维皮质层中一般有两种不同的皮质细胞，由于两种皮质层的物理性质不同引起的不平衡，形成了羊毛的卷曲。卷曲的作用：有利于缩绒性和抱合力，成纱弹性足，织物毛感丰满，毛型感强。

三、常见化学纤维

天然纤维具有许多优点，但其数量不能满足人们日常生活的需要，价格也较贵，所以 19 世纪开始有人研究化学纤维的生产，1884 年，法国人获得从硝酸纤维素（棉硝化）制取人造丝的专利，在 1889 年的巴黎大博览会上展出并获得好评。1891 年开始商品化生产，接着 1901 年、1905 年、1920 年相继生产了铜氨纤维、黏胶纤维、醋酯纤维，化学纤维的新纪元开始于 20 世纪 30 年代末，主要是生产聚酰胺纤维、聚酯纤维、聚丙烯腈纤维及聚烯类纤维。

目前，化学纤维的产量已占纤维总产量的一半，发展很迅速，主要是由于化学纤维生产原料的可获得性和价格低廉；化学纤维所用的原料和劳动力消耗不断降低；化学纤维的物理和机械性能不断改善，保证了扩大工业使用范围。

化学纤维的某些性能是天然纤维无法获得的。

1. 化学纤维的分类

（1）按高聚物的来源分　再生纤维、合成纤维、无机纤维。

（2）按内部结构分　聚酯纤维（涤纶）、聚酰胺纤维（锦纶）、聚丙烯腈纤维（腈纶）、聚丙烯纤维（丙纶）、聚乙烯醇纤维（维纶）、聚氯乙烯纤维（氯纶）。

（3）按几何形状分

① 按长度：长丝和短纤维

② 按截面：复合纤维和异形纤维。

（4）按用途分　普通纤维和特种纤维。

2. 化学纤维的制造

工艺流程：高聚物的提纯或聚合——纺丝流体制备——纺丝——后加工，共四个过程。

（1）高聚物的提纯或聚合　生产化学纤维的高分子化合物可直接取自自然界，也可由低分子化合物经聚合或缩聚而得。如果是采用天然高分子化合物，则需提纯除去杂质。如制造黏胶纤维的原料的天然纤维素，它是从棉短绒、木材、芦苇或甘蔗渣中将纤维素提纯出来制成浆粕，然后用浆粕来制造纤维；如果是采用低分子化合物为原料，则先将低分子化合物聚合成高分子化合物（高聚物）。化学纤维中的合成纤维都是以煤、石油、天然气及一些农副产品等低分子物为原料，因此，合成纤维的学名基本上就是根据形成高聚物的低分子化合物名称，前加"聚"而命名。

（2）纺丝流体的制备　分熔融法和溶液法两种方法。熔融法是将成纤高分子化合物加热熔融成纺丝流体；溶液法是将成纤高分子化合物溶解在适当的溶剂中制成纺丝液，对于熔点高于分解点的高聚物必须采用此法。

（3）纺丝方法　分熔体纺丝法和溶液纺丝法。

① 熔体纺丝法：将熔融法制得的成纤高聚物流体从喷丝孔中压出，在周围空气中冷却固化成丝。熔体纺丝法的特点是纺丝过程简单，纺丝速度较高，喷丝头孔数少（300～1000孔），纺得的丝截面大多为圆形。

② 溶液纺丝法：分湿法纺丝和干法纺丝，湿法纺丝是将溶解制备的纺丝液从喷丝孔中压出，在液体凝固中固化成丝，其特点是纺丝速度慢，喷丝头孔数多（50000孔），截面大多呈不规则圆形，有较明显的皮芯结构。干法纺丝是将溶解制备的纺丝液从喷丝头的喷丝孔中压出，在热空气中因溶剂迅速挥发而固化成丝。其特点是纺丝速度快，喷丝头孔数较少（300～600孔），溶剂挥发污染环境，且成本高，较少采用。

（4）后加工　从喷丝孔出来的纤维强度很低，伸长很大，沸水收缩率很高，没有实用价值。后加工可以改善纤维的物理性能。后加工的工序随短纤维、长丝以及纤维品种而异。短纤维后加工主要包括集束、拉伸、上油、卷曲、干燥定型、切断、打包等内容。

3. 化学纤维的特性

（1）细度、长度根据需要可人为控制，短纤维通常形成棉型、中长型、毛型三种规格，这三种化纤的长度、细度如下：

$$化学短纤维\begin{cases}棉型:30\sim40mm,1.3\sim1.7tex(12\sim15旦)\\中长型:51\sim65mm,2.8\sim3.3tex(25\sim30旦)\\毛型:70\sim150mm,3.3\sim6.6tex(30\sim60旦)\end{cases}$$

（2）强、伸度较大，且可通过拉伸倍数的不同来人为控制。例如涤纶形成三种类型的纤维，强、伸度如表 3-2 所示。

表 3-2　三种类型涤纶的强、伸度

类型 ＼ 内容	高强低伸	低强高伸	中强中伸（普通型）
强度/(cN/tex)	49.5 以上	40.5 以下	介于两者之间
断裂伸长率/%	25 以下	35 以上	介于两者之间

（3）光泽可控制，化学纤维光泽强且耀眼，特别是没有卷曲的长丝。使用不同折射率的消光剂控制纤维光泽，根据加入的消光剂量的多少，可制得有光、消光（无光）、半消光（半无光）纤维。

（4）化学稳定性好，大多数化学纤维具有不霉不蛀、耐酸、碱性及耐气候性良好的优点。

（5）机械性能：化学纤维一般都有强度高、伸长能力大，弹性优良，耐磨性好，纤维的摩擦力大，抱合力小，静电现象严重，容易起毛起球的特点。

（6）吸湿能力差，织物易洗快干。

（7）特殊的热学性质，主要是指合成纤维，具有熔孔性、热收缩性及热塑性。

4. 常见化学纤维的性能

（1）黏胶纤维的主要特性

① 组成物质是纤维素，较耐碱而不耐酸，耐酸、碱性均较棉差。

② 密度与棉接近，为 $1.50\sim1.52g/cm^3$ 左右。

③ 吸湿能力为所有化纤中最佳，在一般大气条件下回潮率可达 13% 左右。吸湿后显著膨胀，制成的织物下水收缩大，发硬。

④ 强度小于棉，断裂伸长率大于棉。吸湿后强度明显下降，湿态强度只有干态强度的 50％左右。因此，黏胶纤维洗涤时不宜浸泡及用力搓洗。

⑤ 耐磨性、抗皱性及尺寸稳定性差。

⑥ 抗起毛起球性、耐热性、抗熔性好。

⑦ 染色性能良好，染色色谱全，能染出鲜艳的颜色。

（2）涤纶的主要特点

① 耐酸、碱性均较好，它的耐酸性优于耐碱性。

② 密度小于棉，略大于羊毛，为 1.39 g/cm³ 左右。

③ 吸湿能力差，在一般大气条件下回潮率只有 0.4％左右，穿着有闷热感。静电现象严重，易吸附灰尘。

④ 强度、伸长能力大，弹性优良。

⑤ 耐磨性、抗皱性及尺寸稳定性好。

⑥ 抗起毛起球性、抗熔性差。

⑦ 耐热性优良，耐晒性也较好。

⑧ 染色性较差，一般染料难以染色。

（3）锦纶的主要特点

① 较耐碱而不耐酸。

② 密度较小，为 1.14g/cm³ 左右。

③ 吸湿能力是常见合成纤维中较好的，在一般大气条件下回潮率可达 4.5％左右。

④ 强伸度大，弹性优良。

⑤ 耐磨性是所有常见纤维中最佳的，为棉的 10 倍、毛的 20 倍、黏胶的 50 倍。

⑥ 小负荷下容易变形，所以锦纶织物的保形性和硬挺性不及涤纶织物。

⑦ 耐热性、耐晒性较差，遇光时间长易变黄发脆。具有较大的热可塑性，在热的作用下可将纱线加工成不同种类的变形丝。

⑧ 抗起毛起球性、抗熔性差。

⑨ 染色性能较好。

（4）腈纶的主要特点

① 对酸、碱的稳定性较好。

② 密度较小，为 1.14～1.17g/cm³ 左右。

③ 吸湿能力比涤纶好，比锦纶差，在一般大气条件下回潮率为 2％左右。

④ 弹性恢复率低于锦纶、涤纶和羊毛。

⑤ 耐磨性是合成纤维中较差的。

⑥ 蓬松性、保暖性很好，集合体的压缩弹性很高，约为羊毛、锦纶的 1.3 倍，有合成羊毛之称。

⑦ 耐日晒性特别优良，在常见纺织纤维中居首位。

⑧ 具有特殊的热收缩性，即将普通腈纶再一次热拉伸后骤冷，得到的纤维如果在松弛状态下受到高温处理会发生大幅度回缩。

（5）维纶的主要特点

① 较耐碱而不耐酸。

② 密度为 1.21～1.30g/cm³ 左右。

③ 吸湿能力较佳，在一般大气条件下回潮率可达 5% 左右。

④ 强度大于棉，断裂伸长率和弹性大于棉而差于其他常见合成纤维。性能接近于棉，有合成棉花之称。

⑤ 耐热水性、耐晒性差，易老化。

⑥ 染色性能较差，染色色谱不全。

（6）氨纶的主要特点

① 耐酸、耐碱、耐汗、耐海水性能良好。

② 密度小于橡胶丝，为 1～1.3g/cm³。

③ 吸湿性差，在一般大气条件下回潮率可为 0.8%～1%。

④ 强度是常见纺织纤维中最低者。

⑤ 具有高伸长、高弹性的特点。它的断裂伸长率可达 480%～700%。

几种化学纤维的主要特点比较见表 3-3。

表 3-3 黏胶纤维、涤纶、锦纶、腈纶、维纶的主要特点比较

性能＼品种	黏胶纤维（吸湿、透气、不耐洗）	涤纶（的确良）（挺括、不皱、难吸湿）	锦纶（尼龙）（结实、耐磨、不挺括）	腈纶（蓬松、保暖、耐晒）	维纶（合成棉花、不耐热水）
耐酸、碱性	耐碱不耐酸，比棉差	都好，耐酸性＞耐碱性	耐碱不耐酸	都好	耐碱不耐酸
吸湿能力	所有化纤中最好，回潮率13%	很差，回潮率0.4%，静电严重洗可穿	合成纤维中较好，回潮率4.5%	涤纶＜腈纶＜锦纶，回潮率2%，容易积累静电	合成纤维中较好，回潮率5%
强度	强度、断裂伸长率小于棉，湿强是干强的50%	大	大	—	棉＜维纶＜常见合成纤维
伸长能力	差	大	大	—	—
弹性	差	优良	优良	弹性好，但弹性恢复率低于锦纶、涤纶、羊毛	棉＜维纶＜常见合成纤维

续表

性能＼品种	黏胶纤维（吸湿、透气、不耐洗）	涤纶（的确良）（挺括、不皱、难吸湿）	锦纶（尼龙）（结实、耐磨、不挺括）	腈纶（蓬松、保暖、耐晒）	维纶（合成棉花、不耐热水）
耐磨性	差	好	常见纤维中最好（棉的10倍，毛的20倍，黏纤的50倍）	合成纤维中较差	—
抗皱性	差	好	—	—	—
尺寸稳定性	差	好	不及涤纶	—	—
抗起毛起球性	好	差	差	—	—
抗熔性	好	差	差	—	—
耐热性	好	好	差	—	—
耐晒性	—	好	差，易老化	特别优良	差，易老化
染色性能	好	差	好		差
特殊性能	—	—	—	热弹性（热收缩性）、蓬松性、保暖性好，有"合成羊毛"之称	性能接近于棉，有"合成棉花"之称，但耐热水性差

四、新型纤维

1. 天然彩色棉纤维

利用遗传工程，给棉花植株插入不同颜色的基因，使棉纤维具有浅黄、深棕色和墨绿色等天然色彩（见彩图7）。彩色棉花形成的服装面料不必染整加工，能保护环境。

2. "生态棉花"

又称有机棉，是通过基因工程将抗毛虫基因植入棉花，使棉株不再生虫，因此不需喷洒农药，减少了农药对人体和环境的危害，具有卓越的环保性能，在国际市场上备受青睐。

3. 新型化学纤维

主要有：

① 差别化纤维

② 功能性纤维

③ Tencel（Lyocell）纤维（天丝）

④ 牛奶纤维

⑤ 甲壳质与壳聚糖纤维

其中，Tencel（Lyocell）纤维是新型的可降解的环保型再生纤维素纤维，近年来得到广泛应用。其生产过程如图 3-7 所示：

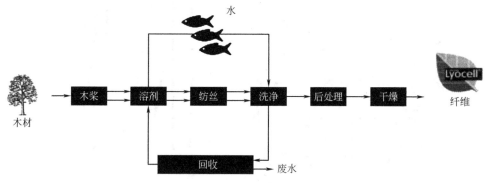

图 3-7　Tencel 纤维的生产过程

五、常见纺织纤维的鉴别

纤维鉴别有定性和定量两种：定性鉴别——确定纤维种类；定量鉴别——确定各纤维所占比例。这里主要介绍几种定性鉴别的方法。

定性鉴别的方法有：手感目测法、燃烧法、显微镜观察法、化学溶解法、药品着色法、熔点法等。具体鉴别时，几种方法优化组合使用，使纤维鉴别既快速又准确。

1. 手感目测法

这种方法最简便，不需要任何仪器，在任何时间、任何地方都可进行，但需要鉴定人员有丰富的经验。它是根据纤维的长度、细度、色泽、手感等特征来区分天然纤维和化学纤维、长丝纤维和短纤维。

2. 燃烧法

燃烧法是一种简单而常用的方法，它与手感目测法相同，不需要借助仪器，只要有火种，在许多场合都可进行，掌握亦不难。燃烧时用镊子夹住一小束纤维，观察其接近火焰、在火焰中及离开火焰三个过程中纤维是否熔融、燃烧速度及燃烧时产生的气味、燃烧后灰烬等特征来鉴别纤维。

3. 显微镜观察法

绝大多数纤维的纵向、横截面形态特征是不相同的，可以借助显微镜观察纤维的纵向、横截面形态来区分各种纤维。各种常见纤维的横截面、纵向形态特征见图 3-8。

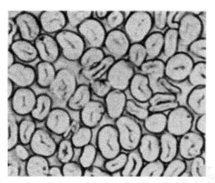 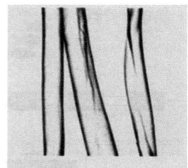

(a) 棉纤维横截面和纵向形态特征

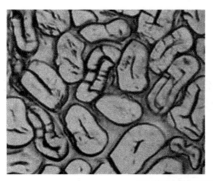 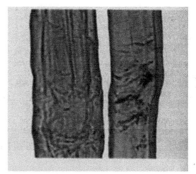

(b) 苎麻横截面和纵向形态特征

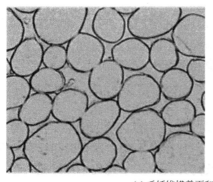 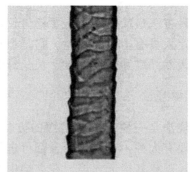

(c) 毛纤维横截面和纵向形态特征

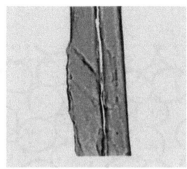

(d) 桑蚕丝横截面和纵向形态特征

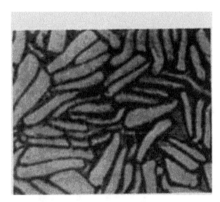

(e) 柞蚕丝横截面和纵向形态特征

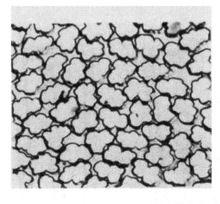

(f) 醋酯纤维横截面和纵向形态特征

图 3-8

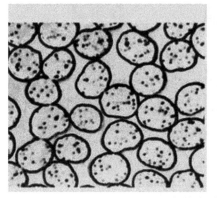 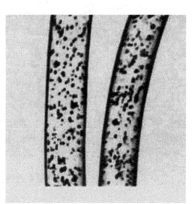

(g) 腈纶横截面和纵向形态特征

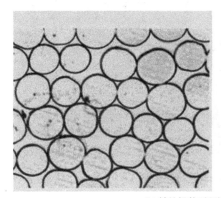 

(h) 锦纶横截面和纵向形态特征

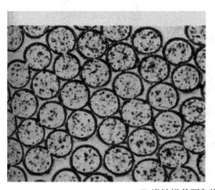 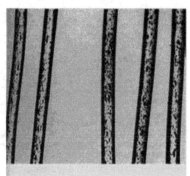

(i) 涤纶横截面和纵向形态特征

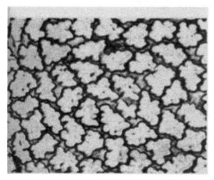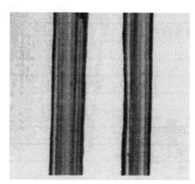

(j)黏胶纤维横截面和纵向形态特征

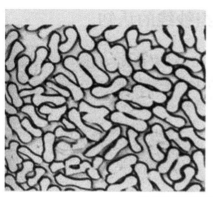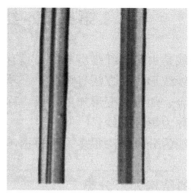

(k)维纶横截面和纵向形态特征

图 3-8　几种常用纤维的横截面和纵向形态

4.化学溶解法

化学溶解法是根据各种纤维的化学组成不同，在各种化学溶液中的溶解性能各异的原理来鉴别纤维。

5.药品着色法

根据各种纤维的化学组成不同，对各种化学药品的着色性能不同来鉴别纤维，此法只适用于未染色产品。

六、常见纺织纤维的代号

在实际生产和应用中，为了方便地表示纤维原料，常用英文字母代号表示。这些代号没有统一的标准规定，因此，同一种纤维可能有不同的代号。表3-4是常见纺织纤维的代号。

表 3-4　常见纺织纤维代号

纤维种类	代号	纤维种类	代号
棉	C	涤纶	T
苎麻	RA	锦纶	N
亚麻	LI	腈纶	A
羊毛	W	维纶	V
羔羊毛	WL(Lambwool)	丙纶	PP
蚕丝	S	氨纶	PU/SPD
黏胶纤维	R	贝特纶	PTT
醋酯纤维	AC	Tencel	TS
铜氨纤维	CU	竹纤维	BM

第二节　纺织纱线的认知

　　纱线是由纺织纤维组成的、具有一定的力学性质、细度和柔软性的连续细长条。纱线形成的方法有两类，一类是长丝不经任何加工，即直接做纱线用；或经并合、加捻及变形加工形成，称为长丝纱。另一类是由短纤维经纺纱加工形成，称为短纤维纱。

　　纱线的分类方法很多，可根据不同的要求，分为不同的类型。

一、按纱线的结构外形分类

　　大体可分为单丝、复丝、捻丝、复合捻丝、变形丝、单纱、股线、花式线、膨体纱、包芯纱等，其各种纱线的理想图形如图 3-9。

　　（1）单丝　指长度很长的连续单根丝。

　　（2）复丝　指两根及以上的单丝并合在一起的丝束。

　　（3）捻丝　由复丝经加捻而形成。

　　（4）复合捻丝　捻丝经过一次或多次并合、加捻即成复合捻丝。

　　（5）变形丝　化纤原丝经过变形加工使之具有卷曲、螺旋、环圈等外观特性。加工的目的是增加原丝的蓬松性、伸缩性和弹性。根据变形丝的性能特点，通常有弹力丝、膨体纱、网络丝三种。

　　（6）单纱　由短纤维经纺纱工艺过程的拉细加捻形成的、单根的连续细长条。

　　（7）股线　由两根及以上单纱合并加捻而形成。若由两根单纱合并加捻形成，称为双股线；三根及以上单纱合并加捻形成的，则称为多股线；股线再并合加捻就成为复捻股线。

　　（8）花式线　用特殊工艺制成，具有特种外观形态与色彩的纱线，称为花式线。包括花色线和花饰线。是由同色或不同色的芯纱、饰纱和固纱在花色捻

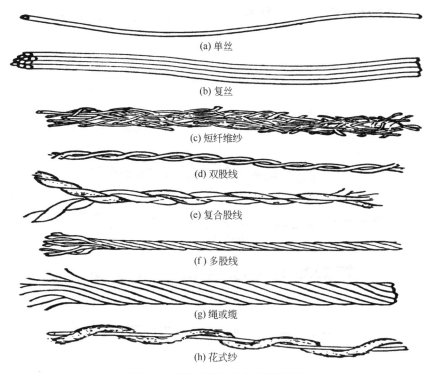

(a) 单丝

(b) 复丝

(c) 短纤维纱

(d) 双股线

(e) 复合股线

(f) 多股线

(g) 绳或缆

(h) 花式纱

图 3-9　各种纱线结构的理想图形

线机上加捻形成，表面具有纤维结、竹节、环圈、辫子、螺旋、波浪等特殊外观形态或颜色．如图 3-10 所示。

（9）包芯纱　以长丝或短纤维纱为纱芯，外包其他纤维或纱线而形成的纱线．如涤纶/氨纶、棉/氨纶包芯纱．

二、按组成纱线的纤维种类分类

（1）纯纺纱　用一种纤维纺成的纱线即为纯纺纱，命名时冠以"纯"字及纤维名称，例如纯涤纶纱，纯棉纱等。

（2）混纺纱　由两种或两种以上纤维混合纺成的纱线即为混纺纱。命名规则如下：当混纺比不同时，比例大的在前；当混纺比相同时，则按天然纤维、合成纤维、再生纤维顺序排列．例如 65/35 涤/棉混纺纱、50/50 毛/腈混纺纱，50/50 涤/黏混纺纱等。

（3）交捻纱　由两种或两种以上不同纤维原料或不同色彩的单纱捻合而成的纱线。

（4）混纤纱　利用两种及以上纤维混合纺制成一根纱线，以提高某些方面的性能。

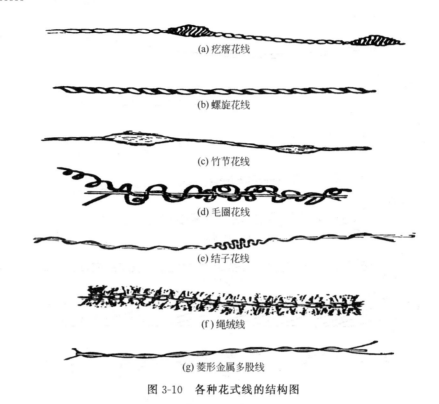

(a) 疙瘩花线

(b) 螺旋花线

(c) 竹节花线

(d) 毛圈花线

(e) 结子花线

(f) 绳绒线

(g) 菱形金属多股线

图 3-10　各种花式线的结构图

三、按组成纱线的纤维长度分类

（1）长丝纱　由一根或多根连续长丝经并合、加捻或变形加工形成的纱线。

（2）短纤维纱　由短纤维经加捻纺成具有一定细度的纱，可分为：棉型纱，毛型纱，中长纤维纱。

（3）长丝短纤维组合纱　由长丝和短纤维采用特殊方法纺制的纱，如包芯纱、包缠纱等。

四、按花色（染整加工）分类

（1）原色纱　未经任何染整加工而具有纤维原来颜色的纱线。

（2）漂白纱　经漂白加工的纱线。

（3）染色纱　经染色加工，具有各种颜色的纱线。

（4）色纺纱　由有色纤维纺成的纱线。

（5）烧毛纱　经烧毛加工，表面较光洁的纱线。

（6）丝光纱　经丝光加工的纱线。如丝光棉和丝光毛。所谓丝光是棉纱线在一定浓度的碱液中处理，使纱线具有丝一般的光泽和较高的强力，即形成丝光棉纱；将毛纱中纤维的鳞片去除，即成为丝光毛纱。

五、按纺纱工艺分类

（1）精梳纱　经过精梳工程纺得的纱线称为精梳纱，纱线细度较细，品质优良。

（2）普梳纱　经过一般的纺纱工程纺得的纱线。

六、按纱线细度分类

棉及棉型纱线按线密度分为粗特纱、中特纱、细特纱和超细特纱。

（1）粗特纱　指线密度为 32tex 及以上的纱线。

（2）中特纱　指线密度为 21～31tex 的纱线。

（3）细特纱　指线密度为 11～20tex 的纱线。

（4）超细特纱　指线密度为 10tex 及以下的纱线。

第三节　纺织面料的认知

一、织物的基本认识

什么是织物呢？

织物指纤维或纱线，或纤维与纱线按照一定规律构成的片状集合体。

织物分为哪些？

（1）按加工原理分类　机织物、针织物、非织造布。

（2）按用途分类　服装用织物、家用织物、产业用织物。

（3）按原料组成分类　棉织物、毛织物、麻织物、丝绸织物、纯化纤织物、混纺织物。

二、机织物

1. 机织物定义

机织物是由经纬两个系统纱线按一定的规律相互垂直交织而成的织物（见图 3-11）

其在织机上的形成如图 3-12 所示。

图 3-13 展示的则是传统机织物的织造。

图 3-11   机织物

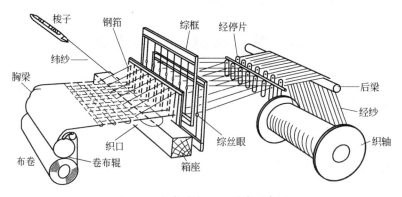

图 3-12   织物在织机上形成示意图

2. 机织物生产工艺流程

经纱：原纱→络筒→整经→（浆纱）→穿、结经 ⎫
⎬织造→验布→（烘、刷布）
纬纱：原纱→（络筒）→（热定型）→（卷纬）⎭

3. 机织物分类

机织物一般可按织物原料、加工方法、织物组织等进行分类。

（1）按使用原料分类

机织物根据其纤维原料组成情况不同可分为纯纺织物、混纺织物、交织织物和混并织物。

① 纯纺织物：纯纺织物是指经、纬均用同一种纤维的纱线所制织的织物。如纯棉织物、全毛织物、纯涤纶长丝织物等。

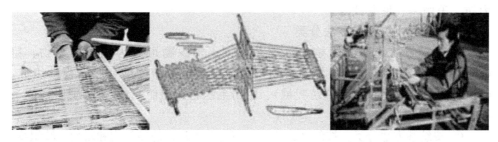

图 3-13　传统机织物的织造

　　② 混纺织物：混纺织物是指经、纬纱用两种或两种以上不同种类的纤维混合纺制的纱线所制织的织物。混纺织物所用经、纬纱有天然纤维与天然纤维、天然纤维与化学纤维、化学纤维与化学纤维混纺的各种纱线。用不同种类纤维进行混纺，可以发挥纤维各自的优良性能，开拓织物品种，满足各种用途的不同要求。如涤棉混纺织物，经纬向均为涤棉混纺纱线。

　　③ 交织织物：交织织物是指经、纬用两种不同纤维的纱线交织成的织物，它可利用各种纤维的不同特性，改善织物的使用性能和取得某些特殊外观效应，满足各种不同要求，如棉经与涤/棉纬交织的闪光府绸等。

　　④ 混并织物：混并织物是用不同种类纤维的单纱并捻成线制织的织物。可利用各种纤维不同的染色性能，通过染整形成仿色织效应。如涤黏/涤纶混并哔叽，经纬均用涤黏中长纱与涤纶长丝并捻线制织。

　　（2）按纤维的长度和细度分类

　　按纤维的长度和细度不同，可分为棉型织物、中长型纤维织物、毛型织物和长丝型织物。

　　① 棉型织物：棉型织物是用棉型纱线织成的织物，这类织物通常手感柔软，光泽柔和，外观朴实、自然。如棉府绸、涤棉布、维棉布等。

　　② 中长型纤维织物：中长型纤维织物是用中长型纤维纺纱织成的织物，中长型纤维织物大多加工成仿毛风格。如涤黏中长纤维织物、涤腈中长纤维织物等。

　　③ 毛型织物：毛型织物是用毛型纱线织成的织物，这类织物通常具有蓬松、柔软、丰厚的特征，给人以温暖感。如全毛华达呢、毛涤黏哔叽、毛涤花呢等。

　　④ 长丝型织物：长丝型织物是用长丝织成的织物，这类织物表面光滑、无毛羽、光泽明亮、手感柔滑、悬垂好、色泽艳丽，给人以华丽感。如真丝电

力纺、美丽绸、尼龙绸等。

（3）按纺纱工艺和方法分类

① 按纺纱工艺分类：按纺纱工艺不同，棉织物可分为精梳棉织物、粗（普）梳棉织物、废纺棉织物，分别用精梳棉纱、粗梳棉纱和废纺棉纱织成。毛织物分为精纺毛织物（精纺呢绒）、粗纺毛织物（粗纺呢绒），分别用精梳毛纱和粗梳毛纱织成。

② 按纺纱方法分类：按纺纱方法的不同可分为环锭纺纱织物和新型纺纱织物。

（4）按所用纱线情况分类

① 纱织物：经纬向均采用单纱织成的织物。如纱府绸、各类平布等织物。

② 半线织物：经向用股线、纬向用单纱织成的织物。如半线卡其、毛派力司等织物。

③ 线织物：经纬向均采用股线织成的织物。如线卡其、毛华达呢等织物。

（5）按织物组织分类

① 三原组织织物：平纹织物、斜纹织物、缎纹织物。

② 其他组织织物：变化组织织物、联合组织织物、复杂组织织物。

（6）按织物染色情况分类

① 本色坯布：本色坯布是指未经任何印染加工而保持纤维原色的织物。如纯棉粗布、市布等，外观较粗糙，显本白色。

② 漂布：漂布是由本白坯布经漂白加工而成的织物。

③ 色布：色布是由本色坯布经染色加工成单一颜色的织物。

④ 印花布：印花布是经印花加工而成的表面具有花纹图案，颜色在两种或两种以上的织物。

⑤ 色织布：色织布是先将纱线全部或部分染色整理，然后按照组织和配色要求织成的织物。此类织物的图案、条格立体感强，清晰牢固。图 3-14 展示了几种色织物图片。

⑥ 色纺布：先将部分纤维或纱条染色，再将原色（或浅色）纤维或纱条与染色（或深色）纤维或纱条按一定比例混纺或混并制成纱线所织成的织物称色纺织物。色纺织物具有混色效应，如毛派力司、啥味呢、法兰绒等。

（7）按织物用途分

① 服装用织物：服装用织物是用来制作如外衣、衬衣、内衣、袜子、鞋帽等的织物。

② 家用织物：家用织物是用来制作如被单、床罩、毛巾、桌布、窗帘、家具布、壁布、地毯等的织物。

③ 产业用织物：产业用织物是用来制作如传送带、帘子布、篷布、过滤布、绝缘布、医药用布、人造血管、降落伞、宇航用布、土工用布、人造草坪等的织物。

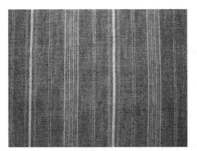

(a) 纯麻色织物

(b) 麻棉色织物

(c) 纯毛色织物

图 3-14　几种色织物图片

三、针织物

1. 针织物定义

针织物是用一组或多组纱线，本身之间或相互之间采用套圈的方法钩联成片的织物，它可以生产一定幅宽的坯布，也可以生产一定形状的成品件。按照生产方式不同，针织物又可分为纬编和经编两类（见图 3-15）。

2. 针织物的主要产品

（1）服装用织物　内衣、外衣、袜子、围巾、手套等；

（2）家用织物　窗帘、台布，沙发套、蚊帐、花边、毛毯等；

（3）产业用织物　工业、农业、医疗、建筑、交通、国防等方面所用的织物；

3. 针织物物理机械指标

（1）线圈长度　一只线圈的纱线长度，以毫米（mm）表示。

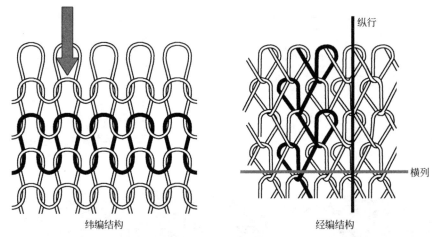

纬编结构　　　　　　　　　　　　经编结构

图 3-15　纬编和经编结构

　　线圈长度决定织物的纵密，从而影响到织物的平方米克重，此外对针织物的脱散性、延伸性、抗起毛起球、钩丝性等都有影响。

　　线圈长度的测量：拆散法，即拆 100 个左右的线圈，求平均值。

　　（2）密度　一定纱支条件下织物的稀疏程度。

　　纵密——沿纵行方向，50mm 内线圈的横列数；

　　横密——沿横列方向，50mm 内线圈的纵行数。

　　密度决定针织物的平方米克重，对针织物的脱散性、悬垂性、延伸性、抗起毛起球、钩丝性等都有影响。织物密度的测定仪器是密度镜。

　　（3）未充满系数　相同密度条件下，纱线的线密度对织物稀密程度的影响。

　　（4）平方米克重　每平方米干燥针织物的重量。

　　（5）断裂强力与断裂伸长率

　　断裂强力——针织物在连续增加负荷的情况下直至断裂时所能承受的最大负荷；

　　断裂伸长率——试样拉伸到断裂时的伸长量与原来长度之比，用百分率表示。

　　（6）收缩率　针织物在加工和使用过程中，长度和宽度方面发生的变化。

四、非织造布

1. 非织造布定义

　　定向或随机排列的纤维通过摩擦、抱合或黏合或者这些方法的组合而相互结合制成的片状物、纤网或絮垫（不包括纸、机织物、簇绒织物，带有缝编纱线的缝编织物以及湿法缩绒的毡制品）。所用纤维可以是天然纤维或化学纤维；

可以是短纤维、长丝或当场形成的纤维状物。

非织造布是介于传统纺织品、塑料、皮革和纸四大柔性材料之间的材料（见图 3-16）。

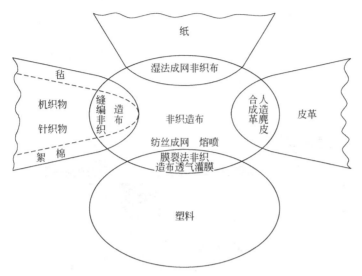

图 3-16 非织造布与传统产品的关系

2. 非织造布分类

非织造布的加工过程可以分为成网和固结两大过程。

（1）按照成网和固结方式不同，即按照生产工艺不同分类，见图 3-17：

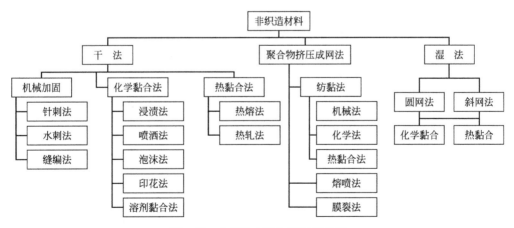

图 3-17 非织造布按加工工艺分类

（2）按照用途不同可分为：服装用品类；家用品类；产业用品类。部分用途见图 3-18。

图 3-18　部分用途的非织造布

【思考题】

1. 什么是纺织纤维？纺织纤维按来源如何分类？
2. 什么叫化学纤维？化学纤维具有哪些共性？
3. 举出几种新型纤维的例子。
4. 织物按加工原理分为哪几类？各自有什么特点？

第四章 纺纱技术

▷▷ 本章知识点

1. 认识从原材料到纺织纤维的过程
2. 纺织原料的初步加工
3. 纺纱的基本作用

纺纱是从各种纤维原料到纺织面料与服装这一过程中不可缺少的工艺环节。纺纱过程就是将各种纺织纤维，通过纤维的集合、牵伸、加捻而纺成纱线，以供织造使用。纺纱工艺流程是纺织专业必须掌握的知识之一。

第一节 认识从原材料到纺织纤维的过程

由纺织纤维构成的细而柔软并具有一定力学性质的连续长条统称为纱线。它们可以由单根或多根连续长丝组成，或由许多根不连续的短纤维组成。纱线实际是纱与线的总称。纱线在生产流通过程中须以一定的形式卷绕成管、筒状或卷成球状等，如图 4-1 所示。

把纺织纤维制成纱线的过程称为纺纱工程。经过长期的实践，纱线的生产形成了各具特色、互不相同的棉纺、毛纺、麻纺和绢纺四大纺纱工程。各种纺纱工程可根据不同的纤维原料、工艺流程分成若干纺纱系统，如棉纺工程的普（粗）梳系统、精梳系统、废纺系统，毛纺工程的粗梳毛纺系统、精梳毛纺系统、半精梳毛纺系统，麻纺工程的苎麻纺纱系统、亚麻（湿）纺纱系统、黄麻纺纱系统，绢纺工程的绢丝纺系统、紬纺系统等。各种纺纱工程和不同的纺纱系统，所选用的机械设备和工艺流程有很大差异，具有自己独立的特点，但其纺纱的基本原理是一致的，一般都需要经过开松、梳理、牵伸、加捻等基本过程，如图 4-2 所示。

纺织纤维是须具有一定的可纺性、机械、化学、热学等性能的纤维。目前的纺织纤维主要分为天然纤维和化学纤维两大类。化学纤维是经由化学加工后直接成为纺织纤维的，可直接用于纺纱加工。对于天然纤维如棉、毛、麻、丝，原材料需要经过一系列的加工过程才能成为纺织纤维，这个过程称为纺织原料的初步加工。一个完整的纺纱过程，是从纺织原料的初步加工开始，再经

(a) 筒子纱

(b) 管纱

(c) 麻绳球

(d) 各类合成纤维丝

图 4-1　各种卷装形式的纱线

图 4-2　纺纱的基本作用过程

由以如图 4-2 所示的纺纱基本作用过程为基础的系列作用来实现的。如图 4-2 所示的纺纱基本作用过程是能否成纱的决定性步骤，在纺纱加工中是不可缺少的。而实际的纺纱加工中，为了能获得较高质量的纱线，往往还需要有各种步骤或作用的共同配合。

第二节　纺织原料的初步加工

纺织原料中的天然纺织原料，因为自然环境、生产条件、收集方式和原料本身特点，其除可纺纤维外，还含有多类杂质，影响纤维的可纺性，这些杂质都需要在纺纱前去除。各种纺织原料的初步加工工程随原料不同而异。

一、棉花初步加工

从棉田里采摘下来的棉花（棉铃），除了棉纤维外还含有棉籽及其他杂质（见图 4-3），在纺纱前必须除去棉籽而制成无籽的皮棉（又称原棉），这种加工

图 4-3　棉田里的棉花与棉铃中的棉籽

一般在棉纺厂外（轧棉厂）进行，称为轧棉。常用的轧棉机器有锯齿轧花机和皮辊轧花机两类（见图 4-4），轧棉所得的棉花分别称为锯齿棉和皮辊棉。

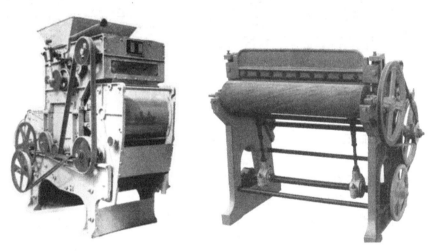

图 4-4　锯齿轧花机和皮辊轧花机

二、羊毛初步加工

　　用于纺织生产的主要是绵羊毛。毛纺厂使用的原料是从绵羊身上剪下的羊毛（套毛或散毛，如图 4-5），通常称为原毛。原毛中一般含有油脂、汗液、粪尿以及草刺、沙土等杂质，因此不能直接投入毛纺生产，而须在纺纱前先进行去除。原毛的初步加工俗称开洗烘工程，须首先将压得很紧的纤维进行开松，去除原毛中易于除去的杂质，如沙土、羊粪等，再利用机械和化学相结合的方法去除油脂、汗液及粘附的杂质等。有的羊毛如散毛含草杂较多时，还需经过炭化作用去除这些植物性杂质。相关设备有开洗烘联合机和散毛炭化联合机（见图 4-6），得到的半成品分别为洗净毛和炭净毛。

图 4-5   绵羊与剪下的套毛

图 4-6   洗毛联合机 (LB023 型) 与散毛炭化联合机 (JF100-122 型)

三、麻类纤维初步加工

　　麻类纤维主要有苎麻、亚麻、黄麻、红麻、剑麻等，用于制作服装的主要是苎麻和亚麻（各种麻植株见图 4-7）。

　　从茎秆上剥下来的麻皮（又称原麻）中除含有纤维素外，还含有一些胶质和杂质，它们大部分包围在纤维的表面，使纤维粘结在一起。这些影响纺纱加工和纱线质量的非纤维素杂质必须在成纱前全部或部分去除，这种加工称为脱胶。苎麻原麻经过脱胶后得到半成品为精干麻（见图 4-8）。亚麻脱胶后成为打成麻（见图 4-9）。

四、绢丝原料初步加工

　　绢丝原料是养蚕、制丝和丝织业中剔除的疵茧和废丝，其中含有丝胶、油脂、泥沙污染物和其他杂质，在纺纱前需将其去除制成较为洁净、蓬松的精干棉，这一过程称为精练。精练首先对绢丝原料进行选别、开松、除杂，然后再以化学精练或生物酶精练方法除去原料上大部分丝胶、油脂、无机物以及其他杂质。图 4-10 展示了从桑蚕饲养、吐丝、结茧到蚕蛹的过程。精练后的精干棉如图 4-11 所示。

(a) 苎麻

(b) 亚麻

(c) 黄麻

(d) 剑麻

图 4-7 各种麻植株

(a) 原麻

(b) 精干麻

图 4-8 苎麻原麻与精干麻

原麻

打成麻

图 4-9 亚麻原麻与打成麻

图 4-10　桑蚕结茧的过程

图 4-11　精干棉

第三节　纺纱的基本作用

纺纱厂使用的纤维原料多数以压紧包的形式运送到工厂，纤维原料是杂乱无章的块状集合体。纺纱加工中，需要先把压紧包中的纤维原料中间原有的局部横向联系（纤维间的交错、纠结）彻底解除（这个过程称为"松解"），并牢固建立首尾衔接的纵向联系（这个过程称为"集合"），纺成纱线。

现代纺纱技术中，松解和集合都不能一次完成，需要经过开松、梳理、牵伸和加捻共四个步骤或作用。

一、开松

开松是把大的纤维团、块扯散成小块、小束的过程，可使纤维间横向联系的规模缩小，为进一步松解到单纤维状态提供条件。

二、梳理

梳理是采用梳理机件上包覆的密集梳针对纤维进行梳理，把纤维小块、小束进一步分解成单纤维。梳理后，纤维大多呈屈曲弯钩状，各纤维之间因相互勾结仍具有一定的横向联系。分解的纤维形成网状，可以收拢成细长条子（直径 2~3cm，如图 4-12 所示），初步达到纤维的纵向顺序排列，但纤维的伸直程度还是远远不够的。

图 4-12　装于条筒的条子（苎麻纤维）

三、牵伸

牵伸就是把梳理后的条子抽长拉细，使其中的纤维逐步伸直，弯钩逐步消除，同时使条子逐步达到预定粗细（须条）的过程（见图 4-13）。这样，残留在纤维内部的横向联系才有可能被彻底消除，为建立沿轴向的有规律的首尾衔接关系创造条件。

图 4-13　条子拉伸成须条前后

四、加捻

加捻是利用回转运动，把牵伸后的须条加以扭转，以使纤维间的纵向联系固定起来的过程。细条子绕本身轴向扭转一周，称为加上一个捻回。加捻作用示意图如图 4-14 所示。加捻后，细条子的力学性能发生了变化，具有一定强度、刚度、弹性等，达到了一定的使用要求，即为纱线（细纱），如图 4-15

所示。

　　可见,纺纱过程是一个对原有纤维逐步松解,同时逐步整理集合的过程。上述四个步骤是纺纱的基本作用步骤,对能否纺出纱来起到了决定性的作用。

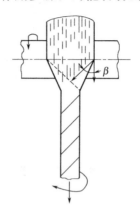

图 4-14　加捻作用示意图
（环锭细纱机加捻）

图 4-15　细纱

第四节　纺纱过程及主要设备

　　纺纱用的纤维原料,如原棉、羊毛、化学短纤等,大多以压紧包的形式运送到纺织厂,这些原料含有各种各样的杂质和疵点（尽管有的天然纤维如原棉已经过了初步加工）。

　　同时,由于纺纱加工及其产品与纤维特性有直接关系,为了纺纱加工的稳定、顺利,还必须根据产品的质量要求,对各种原料进行选择、搭配,即进行纤维原料的选配。在纺织厂中,一般不用单一质量标识的纤维原料,而是将几种原料相互搭配使用。原料的选配与混和就是在纺纱之前,对不同品种、等级、性能和价格的纤维原料进行选择,按一定比例搭配使用,混和成质量一定的混和原料，以确保同一批号纱线质量的长期稳定，并有利于节约原料和降低成本。

因此，在实际的纺纱加工中，一般是先对经过初步加工的纤维原料进行选配，再对选配好的原料进行加工。

除了纺纱四个基本的步骤或作用（如图 4-2 所示）以外，实际的纺纱过程还包括其他许多的步骤或作用，其中除杂、混和、精梳、并合可使纱线产品更加均匀和洁净，从而提高纱线质量，但这都不是成纱的必要工序。还有一类是使纺纱过程中前后道工序能相互衔接所不可或缺的作用过程，即卷绕，它包括做成花卷、装进条筒、绕上纱管、络成筒子、摇成绞纱等。图 4-16 展示的是衔接开棉、清棉、混棉工序与梳理工序的卷绕作用（做成花卷）。

图 4-16　衔接开棉、清棉、混棉工序与
梳理工序的卷绕作用

一、完整的成纱作用

纺织原料的开松、除杂、混和是一并完成且相互关连的。开松是实现除杂和混合的先决条件，只有将纤维开松成细小棉束并进一步开松成单根纤维，才能更好地清除杂质，才能实现充分混和。

纺织原料经过开棉、清棉、混棉之后便梳理成条，梳理可分为粗梳和精梳，粗梳是进一步开松、除杂、混和的有效方法，对特殊要求的纱线还要经过更加细致的精梳处理，以去除不合要求的过短纤维和细小杂质、疵点。

纱线和各半制品皆要求有一定的均匀度。经开、清、梳作用后制成的半制品条子，其粗细均匀的程度，仍不能满足要求，因此还要经过并合作用，将多根棉条并合在一起，使粗细不匀的片段有机会得以相互补偿而使均匀度得到改善。

因此，一个完整的成纱作用，可分为几个部分的综合作用，如图 4-17 所示：

图 4-17　纺纱的完整作用过程

二、棉纱纺纱过程与主要设备

棉纱纺纱过程是指把棉纤维加工成为棉纱、棉线的纺纱工艺过程（棉纺工程）。这一工艺过程也适用于纺制棉型化纤纱、中长纤维纱以及棉与其他纤维混纺纱等。棉织物服用性能良好，价格低廉，且棉纺工序比较简单，所以在纺织工业中占首要地位。

棉纺加工主要有粗梳（普梳）系统和精梳系统，两类系统工艺流程如下：

（1）粗梳（普梳）系统

配棉与混棉→ 开清棉→ 梳棉→ 并条（头道）→ 并条（二道）→ 粗纱→细纱

（2）精梳系统

配棉与混棉→开清棉→ 梳棉→ 精梳准备→ 精梳→ 并条（头道）→并条（二道）→ 粗纱→细纱

细纱以前的工序，统称为前纺，包括开清棉、梳棉、并条、精梳、粗纱等，依原棉的纤维长度，含杂和成纱品质要求等组成不同的前纺工艺；前纺加工之前，必须先进行原料选配。细纱以后的加工，有络筒、并纱、捻线、摇绞等。

1. 配棉与混棉

棉花的原料选配称为配棉，即把原棉按长度、细度、强力等纤维性能以及产地、批号等，依纺纱要求进行选配，混和成一定质量的混和棉。纺纯棉纱广泛采用棉包混棉法，利用自动抓包机（图 4-18）逐包抓取原棉，喂入混棉机中混和。当原料性能差异较大（如棉与化纤混纺）时，一般用棉条混棉法，将原料分别清、梳成条后在并条机上混和。

2. 开清棉

把原料按选配的比例从棉包中抓取出来，混和均匀，开松成小棉块和小棉束，除去部分杂质和疵点，然后集合成一定宽度、厚度或重量的棉层，卷绕成棉卷。开清棉是用开清棉联合机的一系列机械来完成，包括从棉包中抓取棉块

图 4-18　自动抓包机

的自动抓包机，初步进行开松并混和的各种开棉机、混棉机以及进一步开松和
清洁原棉的清棉机等。清棉机可安装成卷装置以制成棉卷供应梳棉机（如图
4-19所示）；也可不装成卷装置，直接以散状纤维块、纤维束用管道气流输送
并分配给若干台梳棉机，后者称为清梳联合机。

图 4-19　清棉机将棉花开清制成棉卷

3．梳棉

　　梳棉机把纤维块或纤维束用针齿表面分梳成为单纤维状态，同时除去较细
小的或粘附在纤维上的杂质、疵点，也除去一部分短绒，最后制成棉条输出。
梳棉机输出的棉条，俗称生条，有规律地堆放在条筒中（见图4-20）。生条中
含有不超过 0.1％的极少量杂质，纤维大部分呈弯钩状。

4．精梳

　　把 20 根左右生条经牵伸、并合制成小棉卷，这个过程称为精梳准备工序。
把小棉卷喂入精梳机，利用不同的针排分别对纤维的两端进行梳理，梳去短纤
维和杂质，制成精梳棉条，如图4-21所示。经过精梳的棉条，纤维整齐度和
洁净度好，能纺制品质良好、线密度较小的精梳棉纱。

图 4-20　棉卷在梳棉机上集束成生条

图 4-21　精梳机将小棉卷制成精梳棉条

5. 并条

为了纺制均匀且强力较高的细纱，把 6～8 根棉条并列喂入罗拉式并条机，经牵伸把棉条拉细并汇集成一根棉条，圈入条筒（见图 4-22）。棉条的并合使条干和结构都获得改善，制成更均匀的棉条。在牵伸过程中利用纤维间的摩擦力使纤维伸直平行，尤其要使梳棉棉条中的弯钩状纤维伸直平行。并条工序一般有 2～4 道。并条制得的棉条俗称熟条，其粗细与生条相似，但结构有差异。

由于并条时将几根棉条并列喂入，所以有混和作用。在对原料性能差异较大（如棉与化纤混纺）的原料进行配棉与混棉时，以不同的纤维条按规定比例在并条机上混和，称为条子混和，简称混条。

6. 粗纱

把熟条牵伸拉细，加以合适的捻回，使须条稍为捻紧，绕在筒管上制成粗

图 4-22　生条在并条机上牵伸并合成熟条

图 4-23　熟条在粗纱机上牵伸加捻制成粗纱

纱，以供细纱机纺纱用（见图 4-23）。

7. 细纱

细纱是成纱的最后工序。把喂入的粗纱拉细成所需细度的须条，然后加

图 4-24　粗纱经细纱机牵伸加捻制成细纱

捻、卷绕成细纱（见图 4-24）。细纱的强力、光泽等物理机械性质应符合以后加工和产品的要求。

细纱机纺成的棉纱都卷绕在细纱管上，称为管纱（见图 4-1），也可以卷绕在纬纱管上，直接供织机使用，称为直接纬纱。管纱经络筒工序绕成直径大的筒子纱（见图 4-1）。筒子纱可以供机织、针织和编织用，也可以直接出售。根据纱的用途不同，筒子纱有的摇成绞纱，经小包机打成小包，再打成大包，称为件纱。有的则将二根纱先并列绕成并纱筒子，然后在捻线机上捻成股线，必要时再经过烧毛。股线还可多根并合复捻成较粗的缆线。

【思考题】

1. 一个完整的成纱作用包括哪几个部分？
2. 说出棉纺加工系统的工艺流程。

第五章 机织技术

▶▶ 本章知识点

1. 认识机织基本过程
2. 认识织前准备工序
3. 织造过程与设备
4. 织物整理

第一节 认识机织基本过程

从纱线织成织物的过程即是织造。织造包括机织和针织，是通过交织或者成圈串套建立纱线行间或列间的横向联系，在纱线内纤维纵向顺序联系的基础上，使织物或针织物内纤维产生纵横交叉联系，以形成稳定结构的过程。各种纱线和长丝都可以用来制造机织物和针织物。

机织物是指由两组纱线，即经纱和纬纱，互相垂直交织起来的织物，如图5-1所示。一般将机织物简称织物。由纺纱工程而得的纱或线制织成机织物的过程，称为机织工程。沿织物长度方向（纵向）排列的是经纱，沿宽度方向（横向）排列的是纬纱，经、纬纱线按一定的织物组织规律浮沉、相互交错组合即是交织。

(a) 平纹织物布面

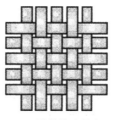

(b) 平纹结构示意图

(c) 平纹组织图

图 5-1 平纹织物布面和组织结构图

机织物品种繁多。按原料不同分为棉织物、毛织物、麻织物、丝织物、化纤织物、各种混纺织物等。织物按加工特点分为白织物和色织物。白织物是指用原色纱制成的织物，而色织物是指用色纱制成的织物。

织物生产的工艺流程分为准备、织造、织坯整理三大阶段，有的还要经过染整加工，才能成为织物商品。不同原料的机织准备包括不同的工艺过程，如棉织、毛织、丝织、绢丝和苎麻织造、黄麻织造等织造各有其具体的工艺过程，但总的来说各准备工序大同小异，主要包括经纱准备工序和纬纱准备工序。通常称这些准备工序为织前准备。生产织物所用织机的基本原理相同，差别仅在于具体规格不同。织机一般分为有梭织机和无梭织机。现代织造技术中，主要采用的是片梭织机、剑杆织机、喷气织机和喷水织机等四大类型的无梭织机。

机织工程的一般生产流程如图 5-2 所示。

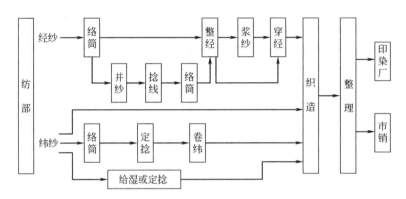

图 5-2　机织工程的一般生产流程

其中络筒、整经、穿经是经纱准备的必经过程，络筒和卷纬是采用有梭织机织造时，纬纱准备的必经过程。此外，有的经纱要上浆；有的经、纬纱要经过热湿处理（包括给湿、浸渍、蒸纱、定形等）；需要用股线时，还要经并线、捻线；如果要求纱线特别光洁，还要经过烧毛。

第二节　认识织前准备工序

机织物是由经纬纱在织机上交织而形成的。在织造过程中，经纱与经纱之间，经纬纱之间、经纱与织机上各种物件之间，反复发生着纵向、横向的摩擦和弯曲。为了使纱线有足够的强度、耐磨性和弹性，确保纱线在织造过程中不致因上述各种破坏力的作用而发生断裂；为了使纱丝减少疵病，提高光洁度，以确保织造生产效率，获得优良的产品；为了增加纱线的卷装长度，利于连续生产，必须对经、纬纱进行织前准备，以达到提高经、纬纱的工艺性能的要求。

一、织前准备的任务

织前准备（准备工程）的任务有下列两方面：

1. 改变卷装形式

经纱在准备工程中，由单纱卷装（管纱）变成具有织物总经纱数的织轴卷装。纬纱在准备工程中，可不经改变直接用来织造。也可再经络筒、卷纬工序后，进行织造。

2. 改善纱线质量

经纱经准备工程后，其外观疵点得到适当清除，织造性能也得到提高。通常改善纱线质量的方法是进行清纱和给经纱上浆。

织前准备是机织工程的前半部分。准备工程的优劣与织造工程能否顺利进行以及织物的质量都有密切关系。所以，有经验的生产组织者，总是把极大的注意力放在织前准备上。

二、织前准备的工序

织前准备主要包括两方面的工序：

① 经纱准备工序：络筒→ 整经→ 浆纱→ 穿经或结经。

② 纬纱准备工序：卷纬。

1. 络筒

络筒工序是在络筒机（见图 5-3）上进行的。其任务是将纺纱工程中得到

图 5-3 典型的自动络筒机

的细纱管纱加以接续，在此过程中，使纱线获得适当的、均匀一致的张力；按规定的要求，检查和清除纱线上的粗细节等纱疵、杂质和尘屑，清疵过程中形成小而坚牢的结头；卷绕成密度均匀、容量充分、成形良好、便于退解的筒子。

2. 整经

整经是在整经机上进行的。整经工序的任务是按工艺设计所规定的经纱根数，从整经机后筒子架上的筒子上，引出一幅片纱，并按设计规定的长度、幅宽，在确保纱线根与根之间、片与片之间、前后之间张力均匀，适当的情况下，将纱片平行的卷绕成成形良好的经轴。整经的方法有分批、分条、分段三种，三种整经机见图 5-4。

(a) 分批整经机

(b) 分条整经机

(c) 分段整经机

图 5-4　分批整经机、分条整经机和分段整经机

3. 浆纱

浆纱是在浆纱机（见图 5-5）上进行的。浆纱工序的任务主要是提高纱线的可织造性，同时将经过浆纱的纱片，在张力均匀、排列均匀和卷绕密度均匀一致的情况下，卷绕成成形良好的织轴，提高纱线的可织造性。

4. 穿经或结经

这是经纱织前准备的最后一道工序，任务是根据所设计织物的要求，将织

图 5-5　双浆槽型浆纱机

轴上引出的纱线，按一定的规律，逐根穿过停经片、综丝眼和钢筘筘齿，以便织造时开成梭口，纳入纬纱，织成有一定幅度和经密的织物。传统的穿经方法是用手工方法并借助于半自动机械完成的（见图 5-6）。当生产的品种批量较大时，可采用自动结经机（见图 5-6），将新、旧织轴上的经纱自动地逐根接续完成穿经工作。

(a) 半自动穿经机

(b) 自动结经机

图 5-6　半自动穿经机和自动结经机

5.卷纬

卷纬（见图5-7）是织前的纬纱准备工序。主要任务是将已经改变卷装形状的纬纱筒子，在卷纬机上重新卷绕，做成能符合织造要求，有合适密度和良好成形、张力均匀、便于退解，并有符合要求的卷装，同时，剔除一部分纱疵，以改善纬纱质量。在无梭织机使用的纬纱卷绕要求是筒子，因此不需卷纬。有梭织机使用的纬纱卷绕要求是纡子，纡子分为两种，一是在细纱机上直接绕成的纬纱，称为直接纬纱，二是经卷纬装置卷成纡子的纬纱，称为间接纬纱。

图 5-7　卷纬

在织造过程中，当纬纱张力过小而纬纱捻度较大，或由于纬纱反捻力强时，有可能产生纬缩和起圈现象。为了减少或防止以上弊病的产生，除了降低纬纱捻度、增加纬纱退解张力外，还常采用给湿、加热的办法使纬纱定捻。

第三节　织造过程与设备

一、织造过程的五大运动

经过织前准备的经纱、纬纱，要在织机上进行交织，最后形成织物。织机的品种、规格非常多。不论是何种织机，完成经、纬纱线的交织，一般都需由开口（将经纱分为上下两层，形成梭口）、引纬（把纬纱引入梭口）、打纬（将纬纱推向织口）、送经（织轴送出经纱）和卷取（织物卷离形成区）

共五大运动的有机配合，并辅以其他辅助运动的配合，才能得以完成。机织的基本原理示意图见图 3-12，在织机上，经纱系统从机后的织轴上送出，绕过后梁，穿过经停片、综眼和钢筘而到达织口，与纬纱交织形成织物。织物绕过胸梁，在卷取辊的带动下，经导辊后卷绕到卷布辊上。经纱与纬纱交织时，综框分别作上下运动，使穿入综眼中的经纱分成两层，形成梭口，以便把纬纱引入梭口。当纬纱引过经纱层后，由筘座上的筘把它推向织口。为了使交织连续进行，已制成的织物要引离工作区，而织轴上的经纱要进入工作区。

1. 开口运动

要形成机织物，经、纬纱线必须产生交织，经纱必须产生一定的沉浮，形成上、下两层经纱，使经纱形成一个可供纬纱引入的空间。因此，按设计的织物组织的要求，以一定的规律升降综框，综框升降的运动使经纱上下分开即称为开口运动或开口。开口运动的机构即为开口机构。开口机构有踏盘式、多臂式、提花式三种。在满足顺利引纬的条件下，要尽量减小开口过程中经纱所受的各种负荷，以减少经纱断头，提高织机的产量和织物的质量。

2. 引纬运动

引纬是在梭口形成后，通过引纬器将纬纱引入梭口，以实现经纱和纬纱的交织，分为有梭引纬和无梭引纬两大类。有梭引纬是由投梭机构打击装有纡子的梭子（图 5-8），使梭子飞行引入梭口。投梭机构分上投梭、中投梭和下投梭三种。有梭引纬机构结构简单，调节方便，适应性广，布边光洁平直；但噪音大，动力和机物料消耗大，织疵多，且不适应高速，产量低。无梭引纬是由引纬器将纬纱引入梭口，生产中常见的无梭引纬有片梭引纬、剑杆引纬、喷气引纬和喷水引纬四种。片梭引纬是采用具有夹持纱线能力的扁平片梭（图 5-9）

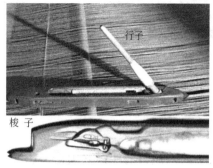

图 5-8　梭子

将纬纱引入梭口；剑杆引纬是利用剑状杆送纬剑、接纬剑（图 5-10）将纬纱引入梭口；喷气引纬和喷水引纬是喷射式的引纬，分别用压缩空气和高压水流喷射引纬（喷气引纬示意图见图 5-11）。

图 5-9　片梭

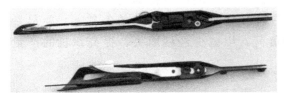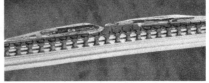

图 5-10　送纬剑、接纬剑

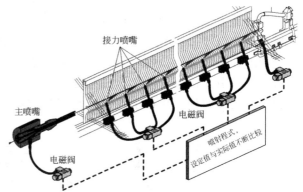

图 5-11　喷气引纬示意图

3. 打纬运动

送入织口的纬纱必须由外力打紧定位，将纬纱压向织口的过程就是打纬。打纬主要有两种方法：一种是用曲柄、连杆传动筘座上的筘，作前后运动进行打纬，称为连杆打纬，通常采用四连杆机构；另一种是由共轭凸轮传动筘座上的筘作前后运动进行打纬，称为共轭凸轮打纬。凸轮可以按需要设计以控制筘座在后方的静止时间，适用于阔幅织机的引纬和打纬。

4. 送经运动

送经的任务是随织造的进行，不断使织轴退出一定量的经纱，并使经纱保持一定的张力。送经机构通常由织轴上经纱送出装置和经纱张力调节装置两部分组成。在织造过程中经纱上机张力须适当，并不随织轴直径的变化而上下波动。

5. 卷取运动

卷取的任务是随织造的进行，及时将形成的织物引离交织区域，并卷绕于布辊上，使纬密符合织造要求。

除上述五项主要运动外，织造过程一般还有断经自停、缺纬自停、纬纱补给（换梭）等由辅助机构控制的辅助运动。在现代纺织技术中，织物的织造是由各式各样的织机完成的，现代织机及其相应的辅助器件配合，能很好地实现上述织造的过程。

二、织造设备

现代织造设备的品种、规格非常多，按加工原料不同分棉织机、毛织机、丝织机和麻织机等；按照产品结构规格的不同，分为毛巾织机、罗帐织机、地毯织机、造纸毛毯织机、起绒织机、织带机；按照开口机构型式的不同，分为踏盘织机、多臂织机和提花织机。

最常用的是按引纬方法分类的织机分类。根据引纬方法的不同，织机可分为有梭织机（图5-12）和无梭织机两类。前者靠梭子（图5-9）来穿引纬纱，

图5-12 有梭织机（自动换梭织机）

后者则革除梭子，由引纬器将纬纱引入梭口，主要有片梭织机、剑杆织机、喷气织机和喷水织机四大类型（各种织机见图 5-13），所采用的引纬方式分别为片梭引纬、剑杆引纬、喷气引纬和喷水引纬。无梭织机正在以比较快的速度在世界各地推广。

此外，还有采用其他方法引纬的新型织机，如织特殊织物的三向织机和正在研究中的多梭口织机等。

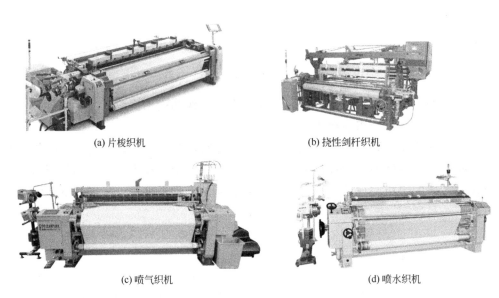

(a) 片梭织机

(b) 挠性剑杆织机

(c) 喷气织机

(d) 喷水织机

图 5-13　各种无梭织机

第四节　织物整理

织机上织成的织物卷到布辊上，达到规定的落布长度后，将布辊取下，还需送入整理车间对织物进行一系列整理工作，这就是织坯整理。经此工序后，布匹可供市销或印染加工。

织坯整理的工艺流程要根据具体的织物要求而定，一般包括以下工艺过程：

验布→ 刷布→ 烘布→ 折布 →整修、复验 →分等 →打包

织坯从织机上落下后，在验布机上逐匹检验疵点（见图 5-14），测定下机产量并标出疵点记号，以便整修。清刷是通过刷布机（见图 5-15）的砂轮和毛刷的磨刷作用，除去织坯上残留的白星和籽屑杂物，使织物表面光洁。烘布是把织物的回潮率控制在一定范围以内，以防止储存中霉变。折布是以一定幅度

(a)机前

(b)机后

图 5-14 验布

把织物在长度方向折叠起来,并测量连匹长度,采用自动折布机(见图 5-16)进行。折叠起来的织坯经过整修和复验(见图 5-17),最后按疵点情况给予评分,并根据评分多少加以分等。经过分等的织物便可成包入库。

图 5-15 刷布机图

图 5-16 自动折布机

一般来说，织物的品种不同，所用的纱线原料和织物结构也不相同，织前准备、织造和织坯整理也因之改变。

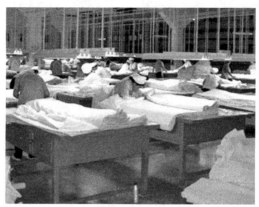

图 5-17　修布

【思考题】

1. 说出机织生产的一般工艺流程。
2. 织前准备工序的作用是什么？
3. 什么是织造的五大运动？织机按引纬方法分为哪几类？

第六章 针织技术

本章知识点

1. 认识针织物形成的基本过程
2. 认识纬编和经编生产及设备
3. 知道针织产品及用途

　　针织是近代发明的一种织造方法,它具有生产工艺流程短的特点。针织工业发展速度很快,现已成为纺织业中最具活力或最具发展前景的纺织体系之一。目前,一些发达国家生产的针织产品耗用纤维量已占到整个纺织品纤维用量的 50% 左右。针织工艺流程是纺织专业必须掌握的一个知识。

第一节　认识针织物形成的基本过程

　　针织是利用织针把纱线弯成线圈,然后将线圈相互串套而成为针织物的一门工艺技术。典型的平针织物如图 6-1 所示。针织工业是用针织的方法形成产品的一种工业。

图 6-1　纬编平针织物

　　根据编织方法的不同,针织物生产可分为纬编和经编两大类,针织机也相应地分为纬编针织机和经编针织机两大类。

　　针织产品种类很多,主要产品有内衣、羊毛衫、外衣、袜品、手套等服装类针织物、各种家庭装饰用针织物以及各种产业用针织物等。纬编针织物和经编针织物由于结构不同，在特性和用途等方面也有一些差异。

针织物是由一根纱线弯曲成圈相互串套联结而成的。横向联结行列称为横列，纵向串套行列称为纵行；线圈的直线部分叫圈柱，弧形部分叫圈弧（见图6-2）。针织物按工艺结构有正面与反面之分，圈柱覆盖于圈弧之上的一面为正面，反之为反面（见图6-3）。针织物的正面光泽较好。针织物有单面和双面之分，双面针织物可以看作是由两个单面针织物复合而成，较为厚实，不易卷边。

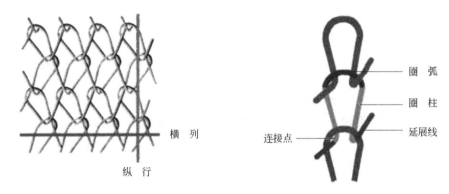

图 6-2　针织线圈结构

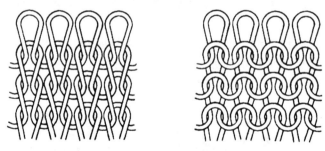

图 6-3　针织物正面与反面（纬编平针织物）

现代针织技术是由早期手工编织演变而来的，早期的手工编织是用竹质或骨质棒针、钩针将纱线编结而成（见图6-4）。

现代针织生产是采用各种针织机织造的。针织物形成的过程中，先将纱线喂给、垫放到织针之上，弯成线圈，然后使线圈串套，最后将针织物牵拉或卷绕起来。这个过程主要有三大运动，即给纱、成圈和牵拉卷取。

（1）给纱　纱线由给纱装置积极送出或由纱线张力拉出，输送到针织机的成圈编织区域；

（2）成圈　纱线在编织区域，按照各种不同的成圈方法形成针织物或形成一定形状的针织品，成圈过程由织针、沉降片、压片等来完成；

图 6-4 手工编织图

（3）牵拉卷取 由引出装置将针织物从成圈区域引出，或卷绕成一定形状的卷装。

成圈是针织物形成的关键，图 6-5 显示了成圈的主要过程。织针上已套有旧线圈，垫放在针杆上的新纱线由沉降片弯成线圈（a→b），然后由织针带着新线圈穿过旧线圈（此时针钩由压片压下，以免钩入旧线圈）（b→c→d），再使旧线圈从针上脱下套到新线圈上（d→e）。多个织针的共同作用便可一次形成一个横列。如此反复进行即可形成针织物。

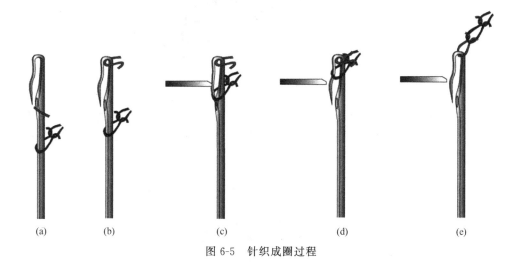

(a)   (b)   (c)   (d)   (e)

图 6-5 针织成圈过程

第二节 认识纬编和经编生产及设备

针织工业生产的整个流程分为针织准备、编织、染整、裁缝四大工序。经过针织原料的准备，采用各种编织方法进行织造，即可得到针织物或成形针织品。根据编织方法的不同，针织物生产分为纬编和经编两大类。两类针织生产工艺的准备、编织工艺各不相同，所采用的针织机也相异。

一、纬编、经编准备与编织

1. 纬编准备与编织

纬编准备工序：络纱

一些从纱厂进来的筒子纱原料，如棉纱、低弹丝等不用纬编准备可直接上机生产。而对一些绞纱和卷装不适合针织生产的纱线，则需络纱工序。针织厂使用的络纱机有两种，一种是槽筒式络纱机（图6-6），另一种是菠萝锭络纱机。

图 6-6　槽筒式络纱机

在纬编中，每根纱线沿纬向顺序垫放在纬编针织机各相应的针上，以编织成纬编针织物。在纬编针织物中，由同一根纱线形成的线圈沿着纬向（横向）配置，见图6-7。

图 6-7　纬编针织物基本结构

2. 经编准备与编织

经编准备工序：络筒→整经→穿经

在经编中，原料经过络纱、整经，纱线平行排列卷绕成经轴，然后上机生产。纱线从经轴上退解下来，各根纱线沿纵向各自垫放在经编针织机的一枚或至多两枚织针上，以编织成经编针织物。在经编针织物中，由同一根纱线形成的线圈则沿着经向（纵向）配置，见图6-8。

图6-8 经编针织物基本结构

有时，针织用纱还需经过上蜡、给湿或汽蒸、给油等工序。给湿、给油可在络纱机上进行，也可在编织过程中进行。对于色织产品，如果进厂纱线为白线时，需经染色后再上机。

二、针织设备

针织设备按照纬编和经编两种生产工艺，可分为纬编针织机和经编针织机；按针床数可分为单针床针织机和双针床针织机；按针床形式可分为平型针织机和圆型针织机；按织针类型可分为钩针机、舌针机和复合针机等（各种织针见图6-9）。

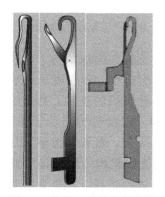

图6-9 钩针、舌针和复合针

因此，针织机的种类和机型有很多，纬编针织机主要有各种圆纬机、横机、袜机等（见图 6-10）；经编针织机主要有各种多梳栉经编机、缝编机、拉舍尔经编机、衬纬经编机、贾卡经编机等（见图 6-11）。

(a) 双面高速圆纬机

(b) 袜机

(c) 横机

图 6-10　各种纬编针织机

　　针织机一般主要由给纱机构、编织机构、牵拉卷取机构、传动机构和辅助机构组成。给纱机构、编织机构、牵拉卷取机构是针织成圈过程的主要机构。传动机构是将动力传到针织机的主轴，再由主轴通过凸轮、连杆或齿轮传动各机构进行工作的机构。辅助机构是为了保证编织正常进行而附加的，主要有自动加油装置，除尘装置，断纱、破洞、坏针检测自停装置、计数装置等。而纬编提花机还装有选针机构，用于按照花纹图案的要求对织针或沉降片等成圈机件的运动状态进行选择。此外还有调线、移圈、绕经等装置或机构。

　　针织技术已经扩展到其他纺织生产方面，如将针织成圈方法应用在织布

(a) 多梳栉经编机

(b) 纤维网型缝编机

(c) 拉舍尔经编机(窗帘布机)

(d) 全幅衬纬经编机

(e) 多轴向(衬纬)经编机

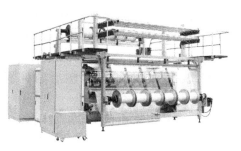

(f) 贾卡多梳经编机

(g) 双针床提花(贾卡)经编机

图 6-11　各种经编针织机

机中进行分段引纬，并把各段纬纱用线圈加以串针织品套连接，以代替传统的投梭运动，使织造速度提高，这就是织、编结合的织编机。

第三节　认识针织产品及用途

一、针织产品

针织生产除可织制成各种针织坯布，经裁剪、缝制而成各种针织品外，还可在机上直接编织成形产品，以制成成形针织品。由纬编或经编工艺，用纱线织成所需外形的成形衣服、衣片或成形坯件，是针织生产独有的工艺，即成形工艺。采用成形工艺可以节约原料，简化或取消裁剪和缝纫工序，节约原料消耗，改善产品质量，提高劳动生产率，已广泛应用于袜子、羊毛衫、外衣、手套、帽子、裙子、连袜裤、三角裤、人造血管、包装袋等的生产。素色产品一般先成形，后染色；花式产品则先染纱，后编织成形。

成形针织品有全成形和部分成形两类。全成形一般不需再裁剪即可成衣，部分成形必须经部分裁剪加工（如开领口、挖袖孔等）才能成衣。

现代针织成衣其中一类工艺即是利用成形编织工艺先织成衣坯，然后经过染整、缝合、整烫成衣的，这类工艺称为成形缝制。若不采用成形编织工艺，则需对染整后的针织坯布原料裁剪成衣坯，再缝合、整烫成衣。

纬编针织物质地柔软，具有较大的延伸性、弹性以及良好的透气性。根据线圈结构及其排列的不同，纬编针织物组织可分为原组织、变化组织和花色组织三类，原组织又称基本组织，包括单面的平针组织、双面的罗纹组织和双反面组织；变化组织有单面的变化平针和双面的双罗纹组织等；花色组织主要有提花组织、集圈组织、毛圈组织、衬垫组织等，以及由以上组织复合而成的复合组织。

一般来说，经编针织物的脱散性和延伸性比纬编针织物小，其结构和外形的稳定性较好。经编针织物的组织主要有单面基本组织和双面经编组织，单面基本组织有编链组织、经平组织、经缎组织等。

二、针织产品的用途

总的来说，线圈结构的针织物，手感柔软，膨松性和悬垂性好，富有弹性，适身性好，穿着舒适，加之其透气性能好符合卫生要求，并能形成梭织难以形成的网眼、复合等组织结构，因此具有宽广的使用前景。针织产品在服装、装饰和产业几大方面的众多领域上都已有众多的应用。

服装方面，从内衣到外衣及内外衣结合的服装，从帽子到袜子、鞋子，均有针织制品。内衣、运动服装、袜子等几乎被针织品所包揽，在时装领域，针织品也占据着越来越重要的地位。

装饰方面，从窗帘、台布、坐垫、沙发套等到地毯、壁毯，均有针织制品。

图 6-12 针织产品的若干用途

　　产业方面，针织制品也大量用于工业、农业、医疗卫生和国防等领域。例如，汽车篷布和坐垫、轮胎帘子布、运输带、建筑安全网、暖棚顶布、遮荫网、土工布、人造血管、钢盔、降落伞、飞机罩壳、遮蔽网、天线、发电风轮叶片等。

　　图 6-12 展示了针织产品的若干用途。

【思考题】

1. 什么叫针织物？针织物如何分类？
2. 针织物具有哪些特点？举例说明针织产品的用途。

第七章　染整技术

大多数织物在织造后需要进行染整加工。纺织物的染整加工是纺织生产的重要工序，它可以改善纺织物的外观和服用性能，或赋予纺织物某些特殊功能，从而提高纺织物的附加价值，美化人们的生活，满足各行业对纺织品不同性能的要求。

第一节　认识染前处理练漂工序

纺织品除了满足人们的衣着及其他日常生活外，还大量地用于工农业生产、国防、医药、装饰材料等各个领域。纺织物除极少数供消费者直接使用外，绝大多数都要经过染整加工，制成美观大方、丰富多彩的漂、色、花用品（图 7-1）。

染整是赋予纤维、纱线和织物等纺织材料以色彩、形态或实用效果的加工过程。为了制得适应各种需要的绚丽多彩的织物，织坯要经过练漂、染色、印花以及整理等工序。有时原料也经过染色，半制品（条子、纱线）也经过练、染、印、整工序。其中根据品种、规格、成品要求等的不同，不同纺织物的染整其具体加工工艺和方法不尽相同。

纺织物的染整加工就是借助各种染整机械设备，通过物理机械的、化学的或物理化学的方法，对纺织物进行处理，从而赋予纺织物所需的外观及服用性能或其他特殊功能的加工过程。它主要包括练漂（前处理）、染色、印花和整理（后整理）四大工序。

未经染整加工直接从织机生产的织物统称原布或坯布（图 7-2）。坯布中常含有相当数量的杂质，包括天然杂质和人为杂质，前者如纤维的伴生物（蜡质、果胶质、含氮物质、灰分、天然色素及棉籽壳等），后者如化纤上的油剂、纺织过程中施加或沾污的油剂或油污、织造时经纱上的浆料等。这些杂质、油

图 7-1　各种染整产品

剂、污物如不去除，不但影响织物色泽、手感，而且还会影响织物的吸湿和渗透性能，使织物着色不均匀、色泽不鲜艳，还会影响染色的坚牢度。因此无论是漂白、染色或印花的产品，一般都需要进行练漂加工。

练漂又叫前处理或预处理，其目的是在尽量减少纺织物强力损失的条件下去除纤维织物上的各种杂质及油污，充分发挥纤维的优良品质，并使纺织物具有洁白、柔软及良好的润湿渗透性能，以满足服用及其他用途的要求，并为染色、印花、整理等后道工序提供合格的半制品。

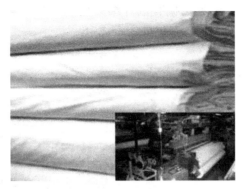

图 7-2 坯布

练漂工序一般包括烧毛、退浆、煮练、漂白等工序,除去织物上有碍染色的杂质,或再借助丝光等工序使织物获得稳定尺寸和耐久光泽,提高吸附染料的能力和纤维的化学反应性能。不同品种的纤维、纱线或织物,对练漂要求不一致,各地区工厂的生产条件也不相同,因而纺织物练漂加工的过程次序(工序)和工艺条件也常不同。

(1)棉布的练漂工序

坯布准备→烧毛→退浆→煮练→漂白→开幅、轧水和烘干→丝光

(2)毛织物的练漂工序

烧毛→洗呢→炭化→漂白

第二节 认识染色工序

染色是染料和纤维发生物理或化学的结合,使纺织材料全面染上颜色的过程。染色是在一定温度、时间、pH 值和所需染色助剂等条件下进行的。染色产品应色泽均匀,还需要具有良好的染色牢度。

织物的染色方法主要分浸染和轧染。浸染是将织物浸渍于染液中,而使染料逐渐上染织物的方法。它适用于小批量多品种染色。绳状染色、卷染都属于此范畴。轧染是先把织物浸渍于染液中,然后使织物通过轧辊,把染液均匀轧入织物内部,再经汽蒸或热熔等处理的染色方法。它适用于大批量织物的染色。

纺织品的染色可分为成衣染色、织物染色(主要分为机织物与针织物染色)、纱线染色(可分为绞纱染色、筒子纱染色、经轴纱染色和连续经纱染色)和散纤维染色四种。其中织物染色应用最广,纱线染色多用于色织物与针织物,散纤维染色主要用于色纺织物。织物的染色和印花通常在常规整理(如手感整理等)之后、其他整理(如抗皱整理)之前进行;纱线染色和印花在机织和针织之前进行;散纤维染色则在纺纱之前进行。

根据染色的需要，染色机械有散纤维染色机、纱线染色机、织物染色机、成衣染色机等（见图 7-3）。

(a) 常温常压散纤维染色机

(b) 常温常压织物卷染

(c) 高温高压筒子纱染色机

图 7-3 各种染色机

生产使用的染料有直接染料、活性染料、还原染料、可溶性还原染料、不溶性偶氮染料、硫化染料、酸性染料、分散性染料、阳离子染料等。各种纤维各有其特性，应选用相应的染料进行染色。

第三节 认识印花工序

印花是借助于原糊的载体作用，把各种不同的染料或颜料印到纺织物上，从而获得有色图案的加工过程。印花和染色一样，都是使纺织物着色。但在染色过程中染料使纺织物整个全面地着色，而印花一般为多颜色的花型图案，是局部着色。染色加工一般以水为介质，而印花时为了保证花纹的轮廓清晰，必须加入原糊，这使印花在助剂的选用、工艺过程的制定等方面与染色加工有很大的不同。

纺织品印花主要是织物印花，也有纱线、纤维条印花。印花即是采用特殊手段使纤维条、纱线或织物按照事先设定的布局进行局部上色，以达到美观效果。

纺织品印花方法按工艺不同可分为直接印花、转移印花、拔染印花和防染印花；按机械设备不同，又可分为滚筒印花、平板式筛网印花（平网印花）和圆筒式筛网印花（圆网印花）。滚筒印花目前广泛应用于棉布的印花，它是将雕制有不同花纹的铜制印花花筒安装在滚筒印花机上进行印花生产的，适合于各种花型。筛网印花由于印花时织物受到的张力很小，故尤其适用于真丝织物、合成纤维织物和针织物等容易变形织物的印花。圆网印花是一种较新的印花方法，具有筛网印花的优点但有更高的劳动生产率。转移印花方法是将染料先印在临时的转移纸上，随后再通过接触和加热，把转移纸上的染料转移印至织物上，要有特殊的印花设备。图 7-4 为平网印花机、圆网印花机和一种热转移滚筒印花机。

(a) 平网印花机

(b) 圆网印花机　　　　　　　　　　　(c) 热转移滚筒印花机

图 7-4　印花机

印花的过程一般包括：图案设计、花筒雕刻或制版（网）、色浆调制、花纹印制、后处理（蒸化和水洗）等几个工序。

织物印花首先需要图案设计。根据印花设备的不同，滚筒印花和筛网印花分别要进行花筒雕刻和筛网制版。花筒雕刻（图7-5）是将花纹图案刻在铜花筒上，花纹在花筒上是凹陷的，凹纹内均布着斜纹线或网点用以贮藏印花色浆。印花时，在压力的作用下，印花色浆转移到织物上。筛网制版为平版筛网制版和圆网制版。平版筛网选用涤纶丝或锦纶丝，圆网选用镍网，将非图案部分的网眼封闭，留出图案部分的网眼，印花时，色浆从网眼中溢出，印到织物上。

图 7-5　手工修刻花筒

生产使用的印花染料主要有活性染料、不溶性偶氮染料、稳定不溶性偶氮染料、还原染料、可溶性还原染料和印花涂料等。

第四节　认识染后整理工序

整理就是指织物在完成练漂、染色和印花以后，通过物理的、化学的或物理化学两者兼有的方法，改善织物外观和内在品质，提高织物的服用性能或赋予织物某种特殊功能的加工过程。由于整理工序常安排在整个染整加工的后道，故常称为后整理。

纺织品整理的方法可大致分为物理方法、化学方法及物理化学联合法三类。物理方法是指利用水分、热量和压力、拉力等的机械作用，如拉幅、轧光、电光、轧纹等的暂时性整理，以及如起毛、剪毛、机械预缩处理等的耐久性整理。化学方法是指利用化学药剂使纤维发生化学反应而改变其物理、化学性质，如淀粉上浆、防水、防火、防蛀等的暂时性整理，以及合成树脂上浆、防水、防火、防皱、压烫整理等耐久性整理。物理化学联合法是指缩绒和耐久性的轧光、电光、轧纹等整理。

按整理的目的分可分为常规整理和特种整理（防缩、防皱、防蛀、防燃、防水等）。整理的目的是赋予纺织材料以光洁、绒面、挺括等形态效果和不透水、不缩水、免烫、不蛀、不易燃烧等实用效果。

无论哪种整理，很多设备采用了自动控制技术。特别是化学纤维织品的仿

丝、仿毛整理，特殊功能性整理采用了现代的数控技术，有了重大的或突破性
的进展。

棉织物的整理主要在于发挥棉纤维的柔软、吸湿、透气等优良性能，使其
更适合于服用的要求或符合特殊用途的需要。棉织物整理包括机械和化学两个
方面。前者有拉幅、轧光、电光、轧纹以及机械预缩整理等。后者有柔软整
理、硬挺整理、增白整理以及防缩整理等。

【思考题】

1. 什么是织物的染整加工？染整加工目的何在？
2. 练漂包括哪些工序？各工序有什么作用？
3. 什么是染色？染色方法主要有哪些？
4. 什么是印花？印花方法主要有哪些？
5. 什么是织物的后整理？织物后整理方法有哪几类？

第八章 服装技术

本章知识点

1. 认识服装的基本概念
2. 认识服装生产过程

服装是纺织品三大终端应用领域中占据比例最大的应用领域（其他两应用领域为家用和产业用纺织品）。我国 2009 年最新颁布的《纺织工业调整和振兴规划》数据显示，目前在服装用纤维消耗比例为 49%。服装工业作为纺织业一个广义上的分支，同时作为纺织面料制品的下游行业，其生产工艺与过程与纺织专业的学习有重要关联。

第一节 认识服装的基本概念

了解服装的生产首先要对服装工业有基本的认识。服装产品规格的制定是以服装的号型为标准的。服装需根据人体（如体型）、环境、季节、用途等因素来进行设计，以满足人们穿着需求。不同种类的服装生产有不同的工艺设计，服装的生产需要根据制定的服装工艺设计文件进行。因此，认识服装需从服装号型、种类以及服装设计几方面着眼。

一、服装的号型

服装的号型是制定衣装规格的依据，也为服装成衣化提供标准尺码。

我国服装号型的制定是以中国人体体型的划分为依据的。我国确定以身高、胸围、腰围作为制定号型的人体的 3 个基本部位，且以胸围和腰围之差的数值作为划分体型的依据。

服装的号指的是人体的高度，以 cm 表示，是设计和选购衣服长短的依据；型是指人体的净胸围或净腰围（也以 cm 表示），以及人体体型的划分类型，是设计和选购衣服的依据。

我国的人体体型划分是将少年与成年人合并处理（对儿童不分体型），男子与女子各制定一个标准，都分为 4 种体型，以胸围与腰围差从大到小的顺序依次命名为 Y、A、B、C 型。其中 A 型是人数最多的普通人的体型，而 Y 型则是中腰较小的人的体型，B、C 型则表示稍胖和相当胖人的体型。中国人体体型分类表见表 8-1。

表 8-1　中国人体体型分类　　　　　　　　单位：cm

体型 胸腰围差 性别	Y	A	B	C
男子	22～17	16～12	11～7	6～2
女子	24～19	18～14	13～9	8～4

号型系列以各体型中间体为中心，向两边依次递增或递减组成。身高以 5cm 分档，胸围和腰围以 4cm、3cm、2cm 分档，互相搭配构成系列。服装的规格以号型标定，选择或制定服装时表示该衣服适用于该身高和体型与此号型接近的人。

例如，男上装型号为 170/88A，表示身高为 170cm，胸围为 88cm，体型为 A 型。适用于身高为 168～172cm，净胸围为 86～89cm 及胸腰围落差数在 16～12cm 之内的人。

二、服装的主要种类

服装的种类很多，由于服装的基本形态、品种、用途、制作方法、原材料的不同，各类服装表现出不同的风格与特色，变化万千，十分丰富。人们平时对服装有各种各样的称呼方法，这主要源于不同的服装分类方法。目前，服装的分类方法大致有以下几种：

1. 根据服装的基本形态分类

这种分类可归纳为体形型、样式型和混合型三种。

（1）体形型

体形型服装是符合人体形状、结构的服装，起源于寒带地区。这类服装的一般穿着形式分为上装与下装两部分。上装与人体胸围、项颈、手臂的形态相适应；下装则符合于腰、臀、腿的形状，以裤型、裙型为主。裁剪、缝制较为严谨，注重服装的轮廓造型和主体效果，如西服类多为体形型。

（2）样式型

样式型服装是以宽松、舒展的形式将衣料覆盖在人体上，起源于热带地区的一种服装样式。这种服装不拘泥于人体的形态，较为自由随意，裁剪与缝制工艺以简单的平面效果为主。

（3）混合型

混合型结构的服装是寒带体形型和热带样式型综合、混合的形式，兼有两者的特点，剪裁采用简单的平面结构，但以人体为中心，基本的形态为长方形，如中国旗袍、日本和服等。

2. 根据服装的穿着组合、用途、面料、制作工艺分类

（1）按穿着组合分类

大致有如下几种分类：

① 整件装：上下两部分相连的服装，如连衣裙等。因上装与下装相连，服装整体形态感强。

② 套装：上衣与下装分开的衣着形式，有两件套、三件套、四件套等。

③ 外套：穿在衣服最外层，有大衣、风衣、雨衣、披风等。

④ 背心：穿至上半身的无袖服装，通常短至腰、臀之间，为略贴身的造型。

⑤ 裙：遮盖下半身用的服装，有一步裙、A字裙、圆台裙、裙裤等变化较多。

⑥ 裤：从腰部向下至臀部后分为裤腿的衣着形式，穿着行动方便，有长裤、短裤、中裤等

（2）按用途分类

分为内衣和外衣两大衣，内衣紧贴人体，起护体、保暖、整形的作用；外衣则由于穿着场所不同，用途各异，品种类别很多。

外衣根据衣着场所的不同可分为：社交服、日常服、职业服、运动服、室内服、舞台服等。

（3）按服装面料与工艺制作分类

可分为中式服装、西式服装、刺绣服装、呢绒服装、丝绸服装、棉布服装、毛皮服装、针织服装、羽绒服装等。

除上述一些分类方式外，还有些服装是按性别、年龄、民族、特殊功用等方面的区别对服装进行分类。

此外，按照行业习惯，通常还将针织服装进行独立的分类。参照国际常例，针织服装可分为针织毛衣、内衣、内衣外穿（如 T 恤衫等）、外衣和配件（如针织袜类、手套、围巾、帽子、领带等）五大类。

三、服装设计

服装设计是以人体为对象，构思服装并加以形态化的创作过程。

（1）设计原则 兼顾实用性、审美性和经济性，此外还必须适应人的生理、心理需要，使"人—服装—环境"三者协调统一，因此一般需要根据人体、环境、季节、用途来进行设计。

（2）设计基本原理 是包括点、线、面、体的应用，是包括比例与分割、均衡与对称、统一与变化、视错原理、仿生造型等众多形式法则的综合运用。

（3）设计要素 主要指线条、色彩和材料三要素。

（4）服装造型 服装造型塑造服装在三维空间的整体轮廓及外貌形态，是

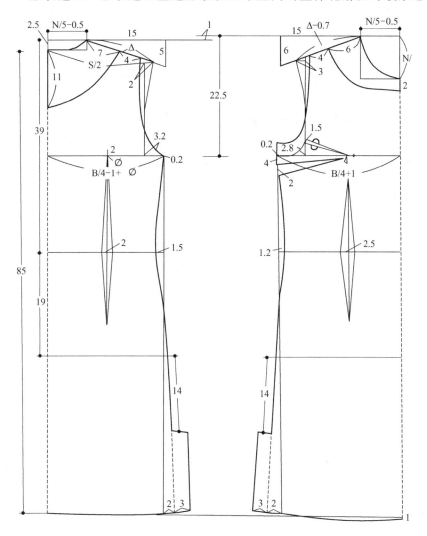

图 8-1　连身裙裁剪图

图注：裙子规格：身高 160cm，衣长 85cm，胸围 92cm，

肩宽 40cm，领围 40cm；用料：约 95cm（幅宽 144cm）；

要求：袖笼、领口处均加贴边。

服装设计的核心。服装设计的原则、原理、要素贯串于服装造型的全过程。因此，服装造型涉及人体体型、量体、视错、服装构成及服装设计图等问题。

（5）服装设计图 是服装设计制图的总称，最常用的有意向图、款式图、效果图和裁剪图。裁剪图是按造型方法，运用制图符号、文字等标明衣片结构及有关裁剪、缝制规定的设计图。按裁剪图可直接裁剪出所设计的服装的衣片等，从而缝制成衣。图 8-1 显示的是一件连身裙的裁剪图。

（6）服装工艺设计 制订服装生产过程中对原辅材料、半成品进行加工、缝制而成服装产品的方法和采用加工设备的技术文件的过程，是服装生产加工的前提。服装的生产需要根据制定的服装工艺设计文件进行。

第二节　认识服装生产过程

服装的加工制作是要根据不同品种、款式和要求订出它特定的加工手段和生产工序（即服装工艺设计）。随着新材料、新科技的不断涌现，加工方法和顺序也随之复杂多变，但它的生产过程及工序基本是一致的。服装生产工序大致有几个生产工序和环节组成：生产准备、裁剪、缝制、熨烫和后整理，其中各道工序包括了一系列的处理过程，见图 8-2。

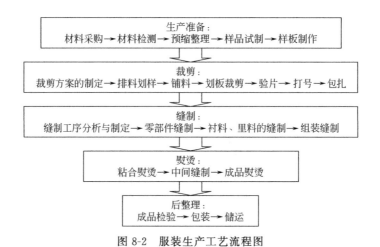

图 8-2　服装生产工艺流程图

一、生产准备

生产准备作为生产前的一项准备工作，要对生产某一产品所需要的面料、辅料等材料进行选择配用，并作出预算，同时对各种材料进行必要的物理、化学检验及测试，包括材料的预缩整理、样品试制等工作，保证其投产的可行性。

　　各种服装材料包括服装面料、里料、衬（垫）料、填料、线带类材料、紧
扣类材料、装饰材料以及商标吊牌等其他辅料，见图 8-3。

图 8-3　各种服装材料

二、裁剪工艺

　　一般来说，裁剪是服装生产的第一道工序，其主要内容是把整匹服装材料
（面料、里料、衬料及其他材料）按服装样板剪切成不同形状的衣片，以供缝
制工序缝制成服装。裁剪主要包括裁剪方案的制定、排料划样、铺料、划板裁
剪、验片、打号、包扎等工艺过程。

　　衣料的裁剪工艺在整个加工过程中具有承上启下的作用，因此这一工序不

论对工艺还是加工设备都有很高的要求。传统的手工裁剪是单纯用剪刀进行的，现代服装工业中是使用各种先进设备进行的，目前服装生产中常用的剪裁方式主要有电剪裁剪、台式裁剪、冲压裁剪和非机械裁剪等，其中电剪裁剪生产最为普遍，主要采用设备是电动裁剪机（电剪）（裁剪工序与常用电剪见图 8-4）。

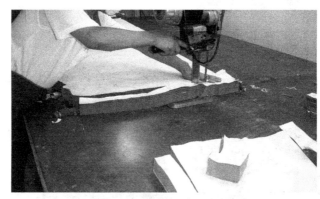

(a) 裁剪工序

(b) 圆刀裁剪机   (c) 自动磨刀裁剪机

图 8-4 裁剪工序与常用电剪

三、缝制工艺

缝制是整个加工过程中技术较复杂、也较为重要的成衣加工工序。它是按不同的服装材料、不同的款式要求，通过科学的缝合，把衣片组合成服装的一个工艺处理过程。缝制主要包括缝制工序分析与制定、零部件缝制、衬料和里料的缝制、组装缝制等。服装的缝制主要采用设备是各式各样的缝纫机。图 8-5 展示了缝制加工生产线和一种服装加工高速缝纫机。

服装的种类很多，对于针织服装、皮革服装、羽绒服装等的缝制，其缝制

(a) 缝制生产线

(b) 高速缝纫机

图 8-5　服装缝制加工

方法因材料的性能特点不同而有所不同。

四、熨烫定形工艺

熨烫定形是将成品或者半成品，通过施加一定的温度、湿度、压力、时间等条件的操作，使织物按照要求改变其经纬密度及衣片外形，进一步改善服装立体外形，以表现人体曲线。比如裤子的后片，没有经过熨烫时，沿挺缝线折叠后，臀部与裤口成为一条直线，这样穿在人身上后显然是不会合乎人体的，熨烫后臀部突出，穿在身上美观舒适。

熨烫工序对服装的外观质量影响很大，其作用主要有使衣料预缩并去皱褶、使服装外形平整并定形、塑造服装立体造型等几方面。熨烫定形按其在工艺流程中的作用可分为产前熨烫、粘合熨烫、中间熨烫和成品熨烫，是采用不同的熨烫设备进行的（熨烫工序与设备见图 8-6）。

(a) 熨烫工序

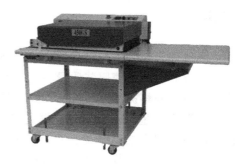

(b) 粘合机

图 8-6

(c) 转盘式袖内外弯整烫机(西服中间熨烫设备)

(d) 全自动蒸汽熨烫台机

(e) 西服蒸汽熨烫机

图 8-6　熨烫工序与各种熨烫设备

五、后整理

　　后整理是服装生产过程的最后一个工序，包括成品的检验、包装、储运等内容。成品检验是使服装质量在整个加工过程中得到保证的一项十分必要的措施和手段。经整烫的服装产品需经过最后的检验，通过终检确定合格的产品。它包括裁剪质量、对条对格、缝份量、布料的折边量、粘衬质量、缝线、针迹、裁边处理方法、缝迹、止口、套结等的检验。合格的产品经过清扫、整理、装吊牌后，包装、存储待运；不合格的产品，经修整后再做处理。图 8-7 所示为服装的包装整理。

图 8-7　服装的包装

【思考题】

1. 什么是服装的号型？我国服装的号型是如何划分的？
2. 说出服装的生产工序及各工序的作用。

第九章　纺织经济地理

> **本章知识点**
> 1. 纺织工业与中国经济
> 2. 认识纺织出口贸易
> 3. 认识纺织产业集群

第一节　纺织工业与中国经济

纺织工业是我国国民经济传统的支柱产业。纺织工业与钢铁、汽车、船舶、石化、轻工、有色金属、装备制造业、电子信息以及物流业等产业一起，是我国的主要产业构成。

从国际看，我国纺织工业面临发达国家在产业链高端、发展中国家在产业链低端的双重竞争将更加激烈。发达国家凭借技术、品牌和供应链整合的优势，占据着市场的主动地位。国际金融危机爆发以来贸易保护主义抬头，主要发达国家纷纷通过动用贸易救济或增加技术贸易壁垒等手段，限制他国产品进口。

从国内看，在经济转型升级过程中，受劳动环境和待遇的制约，以及人口老龄化进程加快，纺织工业劳动力结构性短缺问题日趋严重，随着产业转移步伐加快，中西部地区本地就业数量增加，向东部纺织企业输出的劳动力数量逐步减少，东部企业劳动力短缺明显。同时，随着资源节约型、环境友好型社会加快推进，对纺织工业节能减排、淘汰落后提出更高要求。

据有关统计数据显示，1952年我国纺织工业总产值94亿元，占全国工业总产值的27.4%；利税7.2亿元，占全国工业利税的19.3%。20世纪80年代以前，利税占全国的比例一直在15%以上。尽管随着各种工业化持续推进，近30年来纺织工业在国民经济中比例有所下降，但纺织工业仍始终保持高速发展和进步，纺织工业的贡献仍大幅提高。2010年，全国纺织工业规模以上企业完成工业总产值47650亿元，"十一五"期间年均增长18.2%；就业人数1148万人，年均增长2.1%；实现主营业务收入46510亿元，年均增长19.2%；工业增加值年均增长12.6%；利润总额2875亿元，年均增长27.7%。

总之，纺织工业是我国国民经济传统支柱产业和重要的民生产业，也是国际竞争优势明显的产业，在满足人们衣着消费、吸纳劳动就业、增加出口创汇、积累建设资金以及相关产业配套等方面，都发挥着重要作用。

第二节　认识纺织出口贸易

一、我国纺织品服装出口贸易概况

纺织业是我国最早开放进入国际市场的产业，也是我国在国际市场上成长最好、增长最快、发展最完善的产业。

在纺织产品的进出口贸易中，一般分为纺织品与服装两大类产品。纺织品包括以棉、丝、毛、麻、化学纤维及其他纤维为原料制成的纱线、面料，以及其他制成品（包括家用纺织品、产业用纺织制品）；服装包括以棉、丝、毛、麻、化学纤维及其他纤维为原料制成的针织、梭织服装，毛皮革服装，其他服装，衣着附件和帽类。一般将这两类产品统称为纺织品服装。

改革开放30年来，中国纺织品服装出口大致历经了4个阶段的发展。

第一阶段：在改革开放初期（1978～1985年），以国内市场供给为主，出口规模较小。1978年我国纺织品服装出口额仅为24.31亿美元，1985年达到64.40亿美元，7年间增长了1.65倍，出口增长缓慢。这一时期主要以纺织原料和纤维出口为主，占纺织品服装出口额的60%以上。

第二阶段：纺织品服装出口快速增长阶段（1986～1993年）。1986年8月国务院召开的116次常务会议上明确提出：我国的对外贸易在一定时期内要靠纺织。根据这一指示精神，当时的纺织工业部（现在的纺织工业联合会）制订了"以扩大纺织品出口为重点"的战略转移，在北京、天津、大连等沿海12个重点出口城市设立出口基地。随后，一系列鼓励出口措施和优惠政策出台，并提出了"以扩大出口为突破口，带动纺织工业全面振兴"的战略决策。1987年我国纺织工业开始从以国内市场为主转为在保证国内市场供给的同时着重抓出口创汇，大力发展纺织服装加工业。1986年我国纺织品服装出口额不足100亿美元，1987年出口额突破了100亿美元，1991年出口额又超过200亿美元，1993年我国纺织品服装出口额较1986年增长了2.17倍，表明我国纺织品服装生产能力和出口能力不断增强，并成为我国第一大类出口创汇产品，为我国国民经济建设提供了大量的外汇资金。这一阶段后期服装出口超过了纺织品。

第三阶段：我国上升为全球纺织品服装第一大出口国阶段（1994～2004年）。1994年我国纺织品服装出口额达到355.5亿美元，占全球纺织品服装比重的 13.2%，成为世界纺织品服装第一大出口国。1995 年 1 月 1 日伴随着世界贸易组织（WTO）的成立，WTO 项下的《纺织品与服装协定》（ATC）也随即生效，长达 30 多年的进口配额制在 10 年内逐步取消，全球纺织品服装贸易逐步进入一体化发展。1995～2004 年，我国抓住全球纺织品服装贸易逐渐自由化的发展机遇，加快纺织品服装出口。虽受亚洲金融危机的影响，1998 年和 1999 年出口额有所下降，但其他年份均有所增长。特别是 2002～2004 年期间每年以超过 100 亿美元的规模增加，2002 年中国纺织品服装出口额分别超过 600 亿美元，2004 年中国纺织品服装出口额达到 950.92 亿美元，占全球纺织品服装比重提高到 21%，保持了全球纺织品服装第一大出口国地位。

第四阶段：由纺织服装贸易大国向贸易强国转变阶段（2005 年后）。这一时期我国纺织品服装出口额过千亿美元。随着 2005 年 1 月 1 日 WTO《ATC》的全面落实，全球纺织品服装贸易进入一体化发展阶段，配额取消给中国纺织品服装出口带来了前所未有的发展机遇，产能得到充分地释放。

2011 年，我国出口纺织服装 2478.9 亿美元，比 2010 年同期增长 20%，增速较 2010 年回落 3.6 个百分点；其中，出口纺织纱线、织物及制品 946.7 亿美元，比去年同期增长 22.9%；出口服装及衣着附件 1532.2 亿美元，比去年同期增长 18.3%；2010 年 1 月～2011 年 12 月我国纺织服装出口情况见图 9-1。

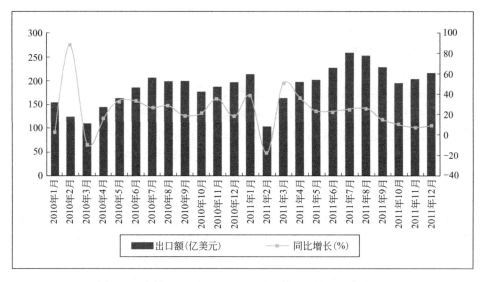

表 9-1　2010 年 1 月～2011 年 12 月我国纺织服装出口额统计分析

纺织品服装国际贸易顺差也是国际产业竞争优势的体现，顺差的增长是随着我国纺织行业的不断发展而增长的。自 20 世纪 80 年代起，我国纺织品服装出口始终保持贸易顺差，成为我国最大类别的贸易顺差产品和净创汇行业，强力拉动了全国货物进出口贸易平衡。

二、我国纺织品服装出口贸易地区结构

虽然我国每年纺织品服装出口额很大，但出口市场主要集中在少数国家和地区，主要集中在美国、欧盟、日本和中国香港地区。

在中美纺织经贸关系上，中美经贸合作关系是互利双赢的。中美两国经济具有很强的互补性，长期以来，我国向美国出口诸如纺织品之类的低附加值的产品，同时也从美国进口大量的高科技含量的产品。我国纺织品出口对美国市场的依存度高。

我国从 1994 年成为世界上最大的纺织品出口国以来，纺织品出口额约占世界纺织品出口总量的五分之一。据统计，我国出口纺织品到达美国市场的比率达 20.14％。在未来很长一段时间内我国出口仍将以劳动密集型等轻工业产品为主，其中纺织品出口仍将是对美国出口的重要组成部分。但同时中美贸易摩擦将继续升温。随着中美贸易顺差逐渐加大，中美之间的贸易摩擦和分歧在纺织品贸易中也愈来愈激烈。美国方面认为我国纺织品在花色、图案设计等方面有侵犯知识产权的行为，担心我国纺织品会在全球范围内形成垄断地位，因此美国采取协议招标等方式提高我国出口纺织品门槛，而且从 2006 年 10 月起，美国修改了原产地规则，对来自计划经济国家的进口原料成分超过 33％的产品确定为市场经济，可对其出口企业进行反倾销，同时对出口国采取反补贴调整，这些措施对限制我国向美国出口纺织品都有一定的针对性。

在中欧纺织经贸关系上目前存在着贸易壁垒和反倾销障碍。2004 年 6 月，欧盟 24 家纺织类企业对原产于我国的 35 类涤纶布实施反倾销调查，涉及企业 1000 多家，总金额达 5.8 亿美元；在技术性贸易壁垒方面，我国纺织服装受到欧盟 TBT 限制；在绿色贸易壁垒方面，欧盟人民生活水平普遍较高，因此高技术含量的绿色纺织品产品备受青睐，由于欧盟纺织产业在技术水平等方面占有优势，所以就以保护生态环境和消费者人身健康为由，对本国产品和进口产品规定了严格的标准，其目的是为了保护欧盟自身的纺织产业。同时配额价格整体呈上升趋势。据业内人士预计，我国输往欧盟市场的大部分类别的纺织品配额价格将呈上涨趋势。配额价格吞噬了纺织企业的部分利润。随着中欧纺织品协议在 2007 年的到期，输往欧盟的纺织品配额价格总体来看有一定幅度的变化。

第三节　认识纺织产业集群

一、什么是产业集群

产业集群（Industrial Cluster），首先由美国迈克尔·波特教授 1990 年提

出，是指在某一特定领域中，大量产业联系密切的企业以及相关支撑机构在空间上集聚，并形成强劲、持续竞争优势的现象。产业集群具有专业化的特征，分析和描述这种现象时常常用"产业集群"或"企业集群"。产业集群侧重于观察分析集群中的纵横交织的行业联系，揭示了相关产业联系和合作，从而获得产业竞争优势的现象和机制。产业集群内的相关企业共存于某种特定产业（部门）内，而且相邻于相关支撑产业。产业集群侧重于观察分析集群中的企业地理集聚特征，其供应商、制造商、客商之间企业联系和规模结构以及对竞争力的影响。

从产业结构和产品结构的角度看，产业集群实际上是某种产品的加工深度和产业链的延伸，在一定意义上讲，是产业结构的调整和优化升级。从产业组织的角度看，产业群实际上是在一定区域内某个企业或大公司、大企业集团的纵向一体化的发展。如果将产业结构和产业组织二者结合起来看，产业集群实际上是指产业成群、围成一圈集聚发展的意思。也就是说在一定的地区内或地区间形成的某种产业链或某些产业链。产业集群的核心是在一定空间范围内产业的高集中度，这有利于降低企业的制度成本（包括生产成本、交换成本），提高规模经济效益和范围经济效益，提高产业和企业的市场竞争力。从产业集群的微观层次分析，即从单个企业或产业组织的角度分析，企业通过纵向一体化，可以用费用较低的企业内交易替代费用较高的市场交易，达到降低交易成本的目的；通过纵向一体化，可以增强企业生产和销售的稳定性；可以在生产成本、原材料供应、产品销售渠道和价格等方面形成一定的竞争优势，提高企业进入壁垒；可以提高企业对市场信息的灵敏度；可以使企业进入高新技术产业和高利润产业等。

二、纺织工业产业集群

纺织工业产业集群是在市场配置资源的基础作用下社会资本，人力资本和产业支撑体系基于产业特点、地域特点与网络特性的比较优势，在纺织服装化纤业积聚的必然结果。

我国纺织工业产业集群是形成新型产业结构的重要组织部分，对我国纺织工业的持续，快速，协调，健康发展具有重要的战略意义。在中国纺织工业高速发展的过程中，形成了众多的纺织产业集群地区，这些集群地区在市场经济资源配置的条件下，产业集中度高，产品特色突出，企业数量众多，配套相对完整，规模效益明显，产业与市场互动，其纺织经济已占到全国纺织经济总量的 70% 以上。

目前，产业集群的发展速度明显高于行业发展的平均速度。以家纺行业为例，共有以床品、布艺、绣品、毛巾、植绒、毯类等为特色产品的 15 个产业集群。这些家纺产业集群大多集中在东南沿海地区的乡镇地区，每个集群产值收入大多在 100 亿元以上，总体增长幅度高于行业平均水平。并且，产业集群优势逐渐显现出来。产业集群内产业链配套逐渐完整，使集群内小企业的优势进一步发挥，特别是集群的公开服务平台建设，形成了"小企业大群体"、"小产品大产业"的格局。

三、纺织工业集群分布

为了更好地引导全国纺织工业实现产业提升，保持健康协调发展，2002 年，中国纺织工业协会开始了以县镇区域经济为主、以促进产业升级为核心内容的纺织产业集群试点工作。成立了中国纺织产业集群工作办公室，先后与全国纺织服装产业集中度较高的以县、镇区域经济为主的集群地区建立了工作联系，并分批分期对这些地区进行调研和工作指导。在时机成熟后，先后分八批对 145 个地区进行了产业集群试点地区命名。

第一批选择了 38 个市（县、镇），第二批选择了 13 个市（县）、17 个镇，第三批选择了 16 个市（县）、镇，第四批选择了 5 个市（县）、16 个镇。此后，又陆续有一些地方加入产业集群试点行列。截至前八批，已经有 145 个市（县、镇）加入中国纺织产业集群试点行列。这些试点地区分布于我国 18 个省（市、自治区）的 150 多个县（区、镇）。其中，北至黑龙江兰西县的亚麻、南至广东的服装制造，西至新疆的手工羊毛地毯，东至江苏、浙江的面料和纺织品出口，地域分布广阔，几乎遍及全国。

在点的分布上，则重点集中在我国沿海极具活力的三大经济圈。其中，浙江、江苏、广东、福建、山东等省份的产业集群地比较集中，切合了我国经济发展的实际情况，同时也清晰地反映出我国纺织服装集群地的产业特色。（见表 9-1、表 9-2）

表 9-1　中国纺织产业集群地区分布（前八批）

地区	数目/个	地区	数目/个	地区	数目/个
安徽	1	湖北	3	青海	1
福建	15	湖南	2	山东	14
广东	28	江苏	31	山西	1
河北	5	江西	2	上海	1
河南	1	辽宁	1	新疆	1
黑龙江	1	宁夏	1	浙江	37

表 9-2　中国纺织产业集群行业分布（前八批）

行业	数目/个	行业	数目/个
产业基地	19	麻纺织	5
纺织机械	2	毛纺织	3
非织造产品	5	棉纺织	14
服装	55	丝绸	3
化纤	7	印染	2
家纺	19	针织	17

（注：义乌市、通州市、常熟市及海宁市被授予多个产业集群特色称号，故行业统计计数有重复。）

四、我国纺织特色城镇简介

我国纺织特色城镇见表 9-3。

表 9-3　中国纺织产业集群简介（前八批）

省份	所属行业或性质	产业基地或名镇
安徽	家纺	·中国手工家纺名城·安徽省岳西县
福建	基地	·中国纺织产业基地市·福建省晋江市 ·中国纺织产业基地市·福建省长乐市
	服装	·中国内衣名镇·福建省晋江市深沪镇 ·中国服装辅料服饰名镇·福建省石狮市宝盖镇 ·中国休闲服装名镇·福建省晋江市英林镇 ·中国运动服装名镇·福建省晋江市新塘街道 ·中国运动休闲服装名镇·福建省石狮市灵秀镇 ·中国童装名镇·福建省石狮市凤里街道 ·中国裤业名镇·福建省石狮市蚶江镇 ·中国休闲服装名城·福建省石狮市
	家纺	·中国花边名镇·福建省长乐市松下镇
	棉纺	·中国织造名镇·福建省晋江市龙湖镇 ·中国童装名城·福建省泉州市丰泽区 ·中国休闲面料名镇·福建省石狮市鸿山镇
	针织	·中国经编名镇·福建省长乐市金峰镇
广东	基地	·中国纺织产业基地·广东省佛山市高明区 ·中国纺织产业基地市·广东省开平市 ·中国纺织产业基地市·广东省中山市 ·中国纺织产业基地市·广东省东莞市 ·中国纺织产业基地市·广东省普宁市

续表

省份	所属行业或性质	产业基地或名镇
广东	服装	• 中国婚纱晚礼服名城·广东省潮州市 • 中国内衣名镇·广东省中山市小榄镇 • 中国牛仔服装名镇·广东省中山市大涌镇 • 中国手套名城·广东省高州市 • 中国童装名镇·广东省佛山市禅城区环市镇 • 中国休闲服装名镇·广东省中山市沙溪镇 • 中国内衣名镇·广东省佛山市南海区盐步镇 • 中国针织内衣名镇·广东省汕头市潮阳区谷饶镇 • 中国服装商贸名城·广东省广州市越秀区 • 中国家居服装名镇·广东省汕头市潮南区峡山街道 • 中国内衣名镇·广东省汕头市潮南区陈店镇 • 中国袜子名镇·广东省佛山市南海区里水镇 • 中国牛仔服装名镇·广东省增城市新塘镇 • 中国女装名镇·广东省东莞市虎门镇 • 中国男装名城·广东省惠州市惠城区 • 中国牛仔服装名镇·广东省佛山市顺德区均安镇 • 中国牛仔服装名镇·广东省开平市三埠镇
	化纤	• 中国化纤产业名城·广东省江门市新会区
	棉纺	• 中国面料名镇·广东省佛山市南海区西樵镇
	针织	• 中国针织名镇·广东省佛山市张槎镇 • 中国针织名镇·广东省汕头市潮南区两英镇 • 中国工艺毛衫名城·广东省汕头市澄海区 • 中国羊毛衫名镇·广东省东莞市大朗镇
河北	服装	• 中国休闲服装名城·河北省宁晋县 • 中国男装名城·河北省容城县 • 中国童装加工名城·河北省磁县
	家纺	• 中国羊剪绒毛毡名城·河北省南宫市
	毛纺	• 中国羊绒纺织名城·河北省清河县
河南	服装	• 中国针织服装名城·河南省安阳市
黑龙江	麻纺	• 中国亚麻纺编织名城·黑龙江省兰西县
湖北	非织造	• 中国制线名镇·湖北省汉川市马口镇 • 中国非织造布制品名镇·湖北省仙桃市彭场镇
	棉纺	• 中国织造名城·湖北省襄樊市樊城区
湖南	服装	• 中国服装商贸名城·湖南省株洲市芦淞区
	麻纺	• 中国苎麻业名城·湖南省益阳市

续表

省份	所属行业或性质	产业基地或名镇
江苏	基地	· 中国纺织产业基地市·江苏省通州市 · 中国纺织产业基地市·江苏省江阴市 · 中国纺织产业基地市·江苏省张家港市 · 中国纺织产业基地市·江苏省常熟市 · 中国纺织产业基地市·江苏省海门市 · 中国纺织产业基地市·江苏省太仓市
	非织造	· 中国非织造布及设备名镇·江苏省常熟市支塘镇(任阳)
	服装	· 中国防寒服名镇·江苏省常熟市虞山镇 · 中国休闲服装名城·江苏省常熟市 · 中国羽绒服装名镇·江苏省常熟市古里镇 · 中国羽绒服装制造名城·江苏省高邮市 · 中国针织服装名镇·江苏省常熟市辛庄镇 · 中国出口服装制造名镇·江苏省吴江市桃源镇 · 中国针织服装名镇·江苏省江阴市祝塘镇 · 中国出口服装制造名城·江苏省金坛市 · 中国休闲服装名镇·江苏省常熟市海虞镇 · 中国休闲服装名镇·江苏省常熟市沙家浜镇 · 中国牛仔布名镇·江苏省泰兴市黄桥镇
	化纤	· 中国化纤加弹名镇·江苏省太仓市横泾镇
	家纺	· 中国家纺绣品名镇·江苏省通州市川港镇 · 中国亚麻蚕丝被家纺名镇·江苏省吴江市震泽镇 · 中国家纺名镇·江苏省通州市姜灶镇 · 中国家纺绣品名镇·江苏省海门市三星镇
	麻纺	· 中国化纤纺织名镇·江苏省宜兴市新建镇 · 中国亚麻纺织名镇·江苏省宜兴市西渚镇 · 中国亚麻绢纺名镇·江苏省吴江市震泽镇
	棉纺	· 中国氨纶纱名镇·江苏省张家港市金港镇 · 中国织造名镇·江苏省常州市武进区湖塘镇 · 中国棉纺织毛衫名镇·江苏省张家港市塘桥镇
	丝绸	· 中国丝绸名镇·江苏省吴江市盛泽镇
	印染	· 中国色织名镇·江苏省通州市先锋镇
	针织	· 中国毛衫名镇·江苏省吴江市横扇镇 · 中国毛衫名镇·江苏省常熟市新港镇

续表

省份	所属行业或性质	产业基地或名镇
江西	服装	• 中国羽绒服装名城·江西省共青城 • 中国针织服装名城·江西省南昌市青山湖区
辽宁	基地	• 中国纺织产业基地市·辽宁省海城市
宁夏回族自治区	毛纺	• 中国精品羊绒产业名城·宁夏回族自治区灵武市
青海	家纺	• 中国藏毯之都·青海省西宁市
山东	基地	• 中国纺织产业基地市·山东省淄博市周村区
	服装	• 中国男装加工名城·山东省郯城县 • 中国男装名城·山东省诸城市
	机械	• 中国纺织机械名镇·山东省胶南市王台镇
	家纺	• 中国家纺名城·山东省高密市 • 中国手套名城·山东省嘉祥县 • 中国工艺家纺名城·山东省文登市
	棉纺	• 中国棉纺织名城·山东省邹平县 • 中国棉纺织蜡染名城·山东省临清市 • 中国棉纺织名城·山东省高青县 • 中国棉纺织名城·山东省夏津县
	印染	• 中国印染名城·山东省昌邑市
	针织	• 中国毛衫名城·山东省海阳市 • 中国针织名城·山东省即墨市
山西	机械	• 中国纺织机械名城·山西省晋中市(榆次)
上海	服装	• 中国品牌服装制造名镇·上海市松江区叶榭镇
新疆维吾尔自治区	毛纺	• 中国手工羊毛地毯名城·新疆维吾尔自治区和田市
浙江	基地	• 中国纺织产业基地·浙江省桐乡市 • 中国纺织产业基地市·浙江省海宁市 • 中国纺织产业基地县·浙江省绍兴县 • 中国纺织产业基地市·浙江省杭州市萧山区
	非织造	• 中国植绒纺织名镇·浙江省桐乡市屠甸镇 • 中国非织造布名镇·浙江省绍兴县夏履镇
	服装	• 中国男装名城·浙江省瑞安市 • 中国领带名城·浙江省嵊州市 • 中国休闲服装名城·浙江省乐清市 • 中国出口服装制造名城·浙江省平湖市 • 中国无缝针织服装名城·浙江省义乌市 • 中国毛衫名镇·浙江省嘉兴市秀洲区洪合镇 • 中国袜子名镇·浙江省诸暨市大唐镇

续表

省份	所属行业或性质	产业基地或名镇
浙江	服装	• 中国童装名镇·浙江省湖州市织里镇 • 中国衬衫名镇·浙江省诸暨市枫桥镇
	化纤	• 中国过滤布名城·浙江省天台县 • 中国化纤名镇·浙江省绍兴县马鞍镇 • 中国化纤名镇·浙江省杭州市萧山区衙前镇 • 中国化纤名镇·浙江省桐乡市洲泉镇 • 中国化纤织造名镇·浙江省杭州市萧山区党山镇
	家纺	• 中国绗缝家纺名城·浙江省浦江县 • 中国家纺布艺名镇·浙江省桐乡市大麻镇 • 中国静电植绒名镇·浙江省嘉兴市油车港镇 • 中国经编家纺名镇·浙江省绍兴县杨汛桥镇 • 中国家纺寝具名镇·浙江省建德市乾潭镇 • 中国布艺名城·浙江省杭州市余杭区 • 中国布艺名镇·浙江省海宁市许村镇 • 中国羽绒家纺名镇·浙江省杭州市萧山区新塘镇
	棉纺	• 中国织造名镇·浙江省嘉兴市秀洲区王江泾镇 • 中国织造名城·浙江省兰溪市
	丝绸	• 中国绢纺织名镇·浙江省桐乡市河山镇 • 中国线带名城·浙江省义乌市
	针织	• 中国经编名镇·浙江省海宁市马桥镇 • 中国针织名城·浙江省象山县 • 中国经编名镇·浙江省常熟市梅李镇 • 中国针织名镇·浙江省桐庐县横村镇 • 中国针织名镇·浙江省绍兴县漓诸镇 • 中国经编名城·浙江省海宁市 • 中国袜业名城·浙江省义乌市 • 中国羊毛衫名镇·浙江省桐乡市濮院镇 窗体底端

中国纺织工业联合会公布的第九批纺织产业集群试点地区名单见表 9-4。

表 9-4　第九批纺织产业集群试点地区名单（23 个）

性　质	名　称
基地	中国新兴纺织产业基地·安徽省望江县
	中国新兴纺织产业基地·江西省奉新县
	中国新兴纺织产业基地·河南省郑州市中原区

续表

性　　质	名　　称
特色城（镇）	中国毛巾毛毯名城·河北省高阳县 中国针织塑编名城·辽宁省康平县 中国袜业名城·吉林省辽源市 中国化纤棉纺名镇·江苏省江阴市周庄镇 中国羽绒服装、针织名镇·江苏省常熟市古里镇 中国毛绒名城·浙江省慈溪市 中国轻纺原料市场名镇·浙江省绍兴县钱清镇 中国针织名镇·浙江省绍兴县兰亭镇 中国纺织机械制造名镇·浙江省绍兴县齐贤镇 中国静电植绒名镇·浙江省嘉善县天凝镇 中国童装、品牌羊绒服装名镇·浙江省湖州市织里镇 中国出口服装制造名镇·安徽省繁昌县孙村镇 中国革基布名城·福建省尤溪县 中国针织文化衫名城·山东省枣庄市市中区 中国棉纺织名城·山东省广饶县 中国半精纺毛纱名城·山东省禹城市 中国女裤名城·河南省郑州市二七区 中国女裤名城·湖南省株洲市芦淞区 中国休闲服装名镇·广东省博罗县园洲镇 中国内衣名镇·广东省普宁市流沙东街道

【思考题】

1. 说明纺织工业在我国国民经济中的地位。
2. 什么是产业集群？我国纺织产业集群分布情况如何？

第十章　纺织专业学习

> **本章知识点**
> 1. 专业学习目标
> 2. 专业学习内容
> 3. 就业岗位要求

第一节　专业学习目标

现代纺织技术专业，是在原棉纺技术、机织技术、针织技术、纺织工程等专业的基础上发展而成，该专业根据纺织品三大领域发展趋势和现代纺织人才市场的需求，按照新型纺织产业链的结构布局共设置四个专业方向：①纺织工艺与贸易，②纺织品设计，③牛仔布技术，④产业纺织品；既继承了原有的工科专业特色，又加入新的现代纺织理论和纺织贸易知识，顺应现代纺织行业人才的知识结构需求。本专业学制三年，除了完成公共课程、专业课程、素质拓展课程，还要安排充足的专业技能训练课程。理论是基础，技能是本位。理论学习为技能训练服务，为技能训练作好前期准备、打下基础；技能训练是本位，技能训练贯穿在学习的全过程中。如在课程学习中，既有理论知识部分，也有实验、实训部分，相互穿插，互为补充；在每个学期中，也设置有专门的实训课程，如钳工实习、电工实习、小样与工艺设计、厂房设计；在最后一个学期，设置生产实习、毕业实习、毕业设计（论文）及答辩。通过三年的理论学习和技能训练并重，提高岗位适应能力，能较好地在生产第一线从事纺织生产管理、纺织质量检验和控制、纺织工艺设计、技术改造和新产品开发等工作。

现代纺织技术专业的培养目标是：培养适应社会主义市场经济需要的，具有较好理论素养的，德、智、体全面发展的中高级工程技术应用人才。毕业后，在纺织行业从事纺织生产管理、质量控制、工艺设计、技术改造和新产品开发工作。通过三年的专业学习，使学生获得纺织工程各项基本技能训练，具有宽厚的专业理论和必备的专业知识，具有纺织厂管理知识，掌握一门外语，能阅读本专业外文资料。特别是教学改革以来，高职院校不断探索产学合作，人才培养计划初步体现培养目标面向生产一线的思想，以岗位为基础设置课程，强调实践教学，强化产学合作，以市场为导向，设置专业方向，注重以人为本、提高综合素质，开设部分限选课，加强新技术教育，开始实施"双证制"。明确培养企业生产第一线应用性技术人才的目标，强调能力本位，全面提高学生综合素质，注重创新能力培养，构建模块化教学体系。进一步增加综合实习实训，提高学生动手能力。

纺织专业在课程设置方面以专业平台课程、专业方向课程和专业实践的教学模式分层次、逐步递进开展教学，并强调实践动手能力和创新能力的培养。

开设的主要专业平台课程包括：纺织材料学、纺织加工化学、企业管理与市场营销、纺纱原理、织造原理、针织概论、织物组织设计与分析、染整概论等。各专业方向在此基础上通过专业方向课程的教学，达到专业知识与能力的进一步拓展，以适应社会及行业需要的目标。

第二节　专业学习内容

纺织专业在学生学习方面根据认识规律把专业教学分为三个阶段：纺、织设备学习→纺、织生产原理→纺、织工艺设计和产品质量控制。同时，我们对课程进行了相应的整合，将原来的棉纺工程、棉织原理、棉织设备分别整合为棉纺技术和机织学，并尽量减少专业课教学过程中教学内容的重复交叉。为了使纺织工程教学改革紧跟纺织工业发展步伐，开设了一些新课程。现代纺织技术开设了纺织除尘技术、纺织产品开发学、非织造布技术，并在原织物组织课程的基础上开设了织物 CAD 课程等。围绕现代纺织技术的培养目标，开设了与之相适应的公共课、专业基础课和专业课。其中，公共课包括：思想道德、大学英语、高等数学、邓小平理论概论等基础课程，目的在于培养学生掌握一定的基础知识和基本理论，培养学生具有一定的政治素养和专业基本素质，使学生树立全心全意为人民服务的基本道德素养和爱岗敬业精神，为将来投入祖国的四化建设打下坚实的思想基础。专业基础课包括：微机基础、纺织加工化学、工程制图、纺织材料学、电子电工技术等。这一阶段是学生专业能力的培养阶段，通过专业基础课的学习，学生可以掌握和专业相关的学科的基本知识和基本理论，并掌握一定的专业基本技能，为将来的专业课学习打下坚实的基础；专业课学习是学生专业综合素质的培养阶段。这一阶段，通过系统的专业学习和专业技能的训练，学生可以掌握本专业的各种基本知识、基本理论和基本技能，并能将所学的专业理论知识应用于实践，从而获得从事纺织行业生产管理、质量控制、工艺设计与新产品开发的能力。通过多年的实践，证明了我们的教学计划符合高职高专培养实用型、应用型人才的要求，学生毕业后，很快就能胜任各自的工作岗位，受到用人单位的好评。

附：现代纺织技术专业各专业方向的培养目标、主要课程及就业方向：

1. 现代纺织技术专业（纺织工艺与贸易）专业

（1）培养目标　能在纺织行业从事工艺设计、产品开发、质量检测与控制、生产管理、技术改造和产品营销等工作的高技能型应用人才。

（2）主要课程　计算机应用、纺织材料、纺纱技术、机织技术、织物结构与设计、纺织厂空气调节、纺织 CAD/CAM 技术、企业管理、国际贸易、市场营销等。

（3）就业方向　毕业生能在纺织企业、贸易、科研、教学等部门从事纺织生产技术、工艺设计、设备技术、质量控制、产品开发和设计、生产和经营管理、纺织贸易等方面的工作。

2. 现代纺织技术专业（纺织品设计）专业

（1）培养目标　能在纺织行业从事纺织品设计工作，具有纺织产品的分析、设计开发能力的高技能型应用人才。

（2）主要课程　计算机应用、平面图案设计、色彩学、纺织材料、纺织工艺学、织物结构与设计、纹织学、纺织厂房设计、纺织 CAD/CAM 技术、企业管理、纺织品质量控制与产品设计、纺织品贸易与营销等。

（3）就业方向　毕业生能在纺织企业、贸易公司、质检部门、科研部门等从事纺织产品设计研发、产品分析、计算机辅助设计、生产技术、经营管理、进出口贸易等工作。

3. 现代纺织技术专业（牛仔布技术）专业

（1）培养目标　培养立足岗位创业，具有良好的职业素养和职业技能、创新理念和实践能力，面向纺织行业，尤其是牛仔布行业，从事生产管理、质量控制、工艺设计、技术改造和新产品开发、业务跟单等工作的高技能型应用人才。

（2）主要课程　纺织材料、纺织技术、牛仔布生产工艺、织物结构与设计、牛仔布染整、纺织 CAD/CAM 技术、企业管理、市场营销、纺织生产工艺管理、产品开发等。

（3）就业方向　毕业生能在纺织企业、贸易、质检、科研等部门从事生产技术、工艺设计、设备技术、质量控制、产品开发和设计、生产和经营管理、贸易等方面的工作。

4. 现代纺织技术专业（产业纺织品）专业

（1）培养目标　培养立足岗位创业，具有良好的职业素养和职业技能、创新理念和实践能力，面向纺织行业，尤其是非织造布生产行业，从事纺织生产管理、质量控制、工艺设计、技术改造和新产品开发等工作的高技能型应用人才。

（2）主要课程　纺织材料、非织造布技术、纺纱技术、织物结构与设计、机织技术、纺织 CAD/CAM 技术、企业管理、市场营销、纺织生产工艺管理、产品开发等。

（3）就业方向　毕业生能在纺织企业及相关行业从事生产技术、产业用纺织品设计、设备管理与监控、生产和经营管理、贸易等方面工作。

第三节　就业岗位要求

纺织专业学生主要学习纺织工程方面的基本理论和基本知识，受到纺织品设计、纺织工艺设计等方面的基本训练，具有纺织品生产管理方面的基本能力。

毕业生应具备以下几方面的知识和能力：

（1）必须具备较高的职业素养和职业道德，爱岗敬业；

（2）掌握纺织工程学科的基本理论、基本知识；

（3）掌握纺织品生产技术；

（4）具有纺织品设计和纺织工艺设计的基本技能；

（5）具有一定的创新研发理念，对于新产品、新工艺、新技术具有浓厚的兴趣。

（6）熟悉与纺织工业有关的方针、政策和法规；

（7）了解纺织科技的发展动态，及时捕捉信息；

（8）掌握文献检索、资料查询的基本方法，具有初步的科学研究和实际工作能力。

纺织工艺与贸易专业和纺织品设计专业的职业岗位分析见表 10-1、表 10-2。

表 10-1　纺织工艺与贸易专业职业岗位（群）分析表

职业范围	就业岗位或岗位群			职业资格证书
纺织生产企业	技术岗位	技术员	工艺员、产品开发员、设备技术员、车间技术员、技改员	纺织面料成分检测/机织面料工艺分析/机织小样织样专项职业能力证书
		检验员	原料进仓检验员、半成品质量检验员、成品质量检验员	
	管理岗位	生产管理	生产管理员、仓管员、班长、计划员、调度员	—
		质量管理	质量管理员	

职业范围	就业岗位或岗位群			职业资格证书
纺织生产企业	操作岗位	挡车工	络筒工、整经工、浆纱工、穿经工、织布工、修布工	—
			保全保养工、机修工、电工	
	经营岗位	营销	采购员、销售员、跟单员	—
		对外贸易		
纺织纤维检验所	检验员、文员、业务员			纺织面料成分检测专项职业能力证书、产品检验工
纺织贸易公司	接单员、跟单员、质检员、工艺设计与产品开发员、文员、仓管员			报关员

表 10-2　纺织品设计专业职业岗位（群）分析表

职业范围	就业岗位或岗位群	职业资格证书
仿样设计	面料分析 小样工艺设计 小样织制 大生产工艺设计	纺织面料成分检测/机织面料工艺分析/机织小样织样转向职业能力证书
创新设计	面料分析 新产品开发 小样工艺设计 小样织制 大生产工艺设计	纺织面料成分检测/机织面料工艺分析/机织小样织样转向职业能力证书
织物生产和质量控制	工艺管理 生产管理	—
织物检验	织物的质量检验 织物的质量管理	产品检验工
产品质量跟踪和产品销售	市场营销和质量控制	—

　　另附纺织技术专业（织造技术方向）教学计划中的规格要求分析，见表10-3。

表 10-3　纺织技术专业（织造技术方向）教学计划中的规格要求分析表

模块名称	模块的知识和能力要求		支撑课程	考证要求
基本素质与基本能力	①学习马克思哲学、毛泽东思想、邓小平理论；②热爱祖国，遵纪守法，能辨证唯物地看问题，具备良好的思想品质和职业道德；③具有良好的身体素质、运动技能和良好的自我保护能力；④具有一定的美学素养和鉴赏能力；⑤具有较好的文字表达能力，能撰写应用文、产品说明书、自荐信等；⑥较好的行为规范，有一定的社交能力；⑦具有基本的计算机操作技能和应用能力；⑧具有一定的英语阅读能力和简单的英语交流应用能力		政治英语体育心理健康教育人文艺术创业教育计算机应用基础就业指导	大学英语应通过高等学校英语应用能力等级考试计算机通过广东省高校计算机课程考试（或取得相应的国家或行业等级证书体育达到国家规定的体育达标标准
专业知识与能力	①掌握纺织设备及仪器的机械原理与应用；②能熟练使用与纺织相关的软件；③能用纹织 CAD 软件设计新型面料的花型、颜色；④掌握纺织生产工艺流程；⑤能设计纺纱生产工艺和织造生产工艺；⑥能根据市场需求进行新产品的开发；⑦能对纺织的生产过程进行质量控制与管理；⑧能根据所学知识进行技术革新与技术改造。		工程制图、机械基础、电工电子技术、纺织CAD、纺织加工化学、纺织材料学、织物结构与设计、纺织工艺学、棉纺工程	产品设计能力综合测试
岗位适应能力	工艺设计与产品开发能力	①能对纺织生产工艺和产品质量进行理论分析；②能设计纺纱生产工艺和织造生产工艺；③具有根据市场需求开发新产品的能力；④能吸收和运用纺织生产新技术。	纺织工艺学、棉纺工程、织物结构与设计、棉纺织工厂设计、纺织材料学	—
	纺织企业管理能力	①具有产品品质控制和管理能力；②具有纺织企业生产与管理的基本能力；③具有纺织企业设备基本参数设计、操作的能力。	纺织企业管理、织物结构与设计、棉纺织工厂设计、纺织工艺学	—
	纺织产品营销能力	①熟悉纺织品营销方法；②会对纺织品进行跟单；③能在网上进行纺织品交易。	计算机应用基础创业教育就业指导	—
拓展能力及综合素质	①爱岗敬业、勤奋工作的职业道德素质；②健康的身体素质、心理素质和乐观的人生态度；③良好的人文科学素养；④适应社会经济发展的创新精神和创业能力。		全院性公共选修课	

【思考题】

1. 现代纺织技术专业的学习目标是什么？

2. 纺织专业有哪些职业岗位？可取得哪些职业资格证书？

参 考 文 献

［1］ 刘森.机织技术［M］.北京：中国纺织出版社，2009.

［2］ 张一心.纺织材料［M］.第二版.北京：中国纺织出版社，2010.

［3］ 王府梅.纺织服装商品学［M］.北京：中国纺织出版社，2008.

［4］ 史志陶.棉纺工程［M］.第四版.北京：中国纺织出版社，2009.

［5］ 许瑞超.针织技术［M］.上海：东华大学出版社，2009.

［6］ 周萍.服装生产技术［M］.北京：中国轻工业出版社，2009.

［7］ 肖长发.化学纤维概论［M］.第二版.北京：中国纺织出版社，2005.

［8］ 王府梅.纺织服装商品学［M］.北京：中国纺织出版社，2008.